JN087496

生コンとは　設備完備の　工場で
練り混ぜられた　硬化前のもの
☞ **p.16** ＊3
🏭 生コン工場

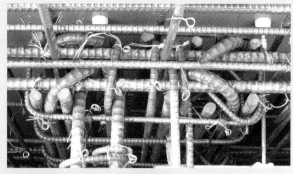

🏗 柱の配筋状態

コンクリの　曲げる力や
引っ張りに　弱い性質
鉄筋で補強
☞ **p.10** ＊2

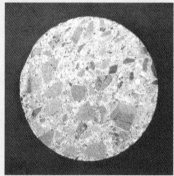

🧱 硬化コンクリートの断面

セメントと　水と砂・砂利
混ぜたもの
コンクリートは人工の石
☞ **p.10** ＊1

セメント水和結晶の成長
　（走査電子顕微鏡写真）▶
セメントと　水混ぜたものが
接着剤　化学反応で
徐々に固まる
☞ **p.18** ＊4

加水前

1日後

3日後

7日後

思うほど　強くはなくて　その長所は
成型自在　燃えず腐らす

☞ **p.32** ＊6

⬇ 階段の型枠

水減らし　硬化組織を　緻密にし
ガラスできれば　高耐久コン

☞ **p.38** ＊7

⬇ 加圧成型し、密実になったテストピース

🔺 建築工事での低スランプ生コンの打設

建築でも　固い生コン　大前提
コンクリートは　コンクリート

☞ **p.30** ＊5

三井物産横浜ビル(現KN
日本大通ビル,1911年竣工) ⮕
鉄筋の　腐食を防げ
コンクリの　密度高めて
半永久に

☞ **p.40** ＊8

コンクリートの材料

The Pantheon in Rome, Italy
Keith Yahl - Original Photography

◀ ローマンコンクリートで
　造られたパンテオン
パンテオン　ローマ時代に　造られて
今なお残る　およそ2000年
☞ **p.56** ＊10

セメントの　硬化の秘密　それは粘土
明らかになり　技術発展
☞ **p.56** ＊11
旧小野田セメントの徳利窯

生コン工場の養生水槽
セメントの　40%（パー）の　質量の
水とゆっくり　じっくり反応
☞ **p.50** ＊9

鉄筋コンクリート造高層
　住宅アクティ汐留
超のつく　微粒子で
硬化組織にある
隙間を埋めて　超高強度化
☞ **p.80** ＊12

凍結融解作用でボロボロに
なったタウシュベツ川橋梁 ⇨
生コンの　流動性高め
硬化後は　凍害防ぐ
空気連行
☞ **p.84** ＊14

柔らかさ求めず　固すぎ施工できぬ
生コンにこそ　流動化剤
☞ **p.86** ＊16
⬇ 固くなった生コンへの流動化剤の投入

セメントを　分散させて　柔くして
水を少なくする減水剤
☞ **p.86** ＊15
⬇ 混和剤タンク

膨張材を用いた床コンクリートの養生 ⇨
硬化時に　膨張現象　生じさせ
高密度化して　ひび割れ防止
☞ **p.82** ＊13

4

スランプ試験
スランプは　施工性知る　バロメーター
大きいものほど　施工しやすい
☞ **p.94** ＊18

生コンは　強度、スランプ　砂利サイズ
使用セメント　伝えて注文
☞ **p.94** ＊17

生コン車への生コンの積み込み

コンクリート表面に上がってきたブリーディング水
練り水は　可能な限り　少なくし
緻密な組織で　高耐久化
☞ **p.98** ＊21

テストピースの圧縮強度試験
コンクリの　強さの基本　水セメ比
季節によって　補正加えて
☞ **p.98,102** ＊20

大きさの異なる骨材 ➡
大きいほど　水を減らせる
利点あるも
制約条件　考慮し決める
☞ **p.96** ＊19

80〜40㎜　40〜20㎜　20〜5㎜　5㎜ 以下

🔼 砂利の少ないコンクリート（左）、多いコンクリート（右）
できるだけ　多くの砂利を　練り混ぜて　強い振動で　密度高める
☞ **p.102** ＊23

🔼 空気量試験
凍害を　防止するため　連行する
空気の基準は　4.5％（バー）
☞ **p.100** ＊22

🔼 プラントミキサ
生コンは　プラントミキサで　練り混ぜて
運搬するのが　あの生コン車
☞ **p.114** ＊24

第 4 章

コンクリートの施工

締め固め作業実施後に水平スリットを設置

密実に　固い生コン　打ち込むには
バイブ空隙と　ガッチリの枠
☞ **p.136** ＊29

現場説明会

分業化　進むその中で　何よりも
求められるのは　意識統一
☞ **p.132** ＊26

大量の設備配管（生コン打設前の床面の型枠）

設備管　埋め込むと　メンテ難しく
分ければ　打設作業も容易に
☞ **p.134** ＊28

パラペットのタンピング作業

高耐久　コンクリ造りの　根本は
「密度高める」というその意識
☞ **p.130** ＊25

横の壁から固い生コンを流し込もう
としたが流し込めず、充填不良に
なった低い立ち上がり ≫

ジャンカなく　固い生コン
打つためには
ふたをしないで　直接充填

☞ **p.136** ＊30

バケット工法による住宅
基礎の打設 ≫

大量の　打設は不向きも
砂利の多い　生コン OK
バケット工法

☞ **p.142** ＊32

打設中の鉄筋のたわみ

鉄筋が　揺れれば　見えない傷ができ
後のひび割れの　起点にもなる

☞ **p.134** ＊27

ポンプ工法

大量の　生コン少ない　人数で
打設可能な　ポンプ工法

☞ **p.140** ＊31

🔲 打設前に計画書を示しながら、打設の説明

計画書で　作業工程　明確に
作業の要点も　再度確認

☞ **p.144** ＊33

気温なども　考慮に入れて
余裕ある　作業態勢で　入念な施工

☞ **p.144** ＊34

🔲 バイブレータを多めに準備
　　（記号を付けて管理）

🔲 壁のコールドジョイント

区分けして　打ち重ねまでの　インターバル
短縮すれば　ジョイント良好

☞ **p.146** ＊35

口径50mmのバイブレータ4台による
生コン充填作業 ⏩

充填は　生コン流す　作業でなく
型枠にギュッと　押し込む作業

☞ **p.154** ＊36

木づちによる外部振動作業
たたいたら　その裏側に　集合する
空気の性質　理解して作業
☞ **p.156** ＊37

床面の踏み固め作業
床面は　密度向上　難しく
ギュッと加圧する　意識が肝心
☞ **p.160** ＊39

棒状バイブレータによる再振動締固め作業
ブリーディング　進んだころに　再バイブ
ゆるんだ組織を　締め付け直す
☞ **p.158** ＊38

高圧洗浄機を用いた打設後のレイタンス除去作業
打継部　コンクリガッチリ　つけるには
レイタンス取り　砂目現せ
☞ **p.162** ＊40

押え作業終了後の散水、ポリフィルムを
被せることによる湿潤養生
床面は　打設直後から　乾き出す
水分与え　水和促せ
☞ **p.166** ＊43

硬化初期に　凍結すると
コンクリの　強度が不足す　凍結防げ
☞ **p.166** ＊42

ジェットヒータを用いた温度養生 ▧

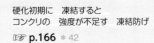

脱型後の　乾燥しがちな　表面の
うるおい保ち　水和促進
☞ **p.168** ＊44

脱型後のポリフィルムによる養生 ▧

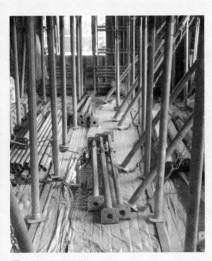

床面の湿潤養生
セメントの　水和結晶の　成長には
湿潤状態　保持が肝要
☞ **p.164** ＊41

フェノールフタレインで中性化深さを確認
コンクリは　中性化すると　鉄筋の
保護失われ　腐食進行
☞ **p.176** ＊48

練り水を減らし　組織を緻密にし
ひび割れ減らし　高耐久化
☞ **p.174** ＊45
乾燥収縮ひび割れ

鉄筋が腐食し、表面のコンクリート
が剥落した柱の下部
鉄筋の　腐食促す　塩化物
緻密な組織で　浸入防げ
☞ **p.176** ＊47

凍害によりモルタル分が消失した
コンクリートの表面
繰り返す　凍結膨張　圧力で
表面から徐々に　ボロボロ壊れる
☞ **p.174** ＊46

📷 鉄筋探査（鉄筋を確認した位置にマジックで線を引いている）

X線　鉄筋探査機　用いれば
埋設物も　ヒョイとかわせる
☞ p.182 ＊51

📷 アルカリ骨材反応が疑われる柱、
　梁のひび割れ

アル骨の　膨張圧力　強力も
水の浸入　防げばOK
☞ p.178 ＊49

X線の写真（白い線は鉄筋）📷

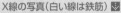
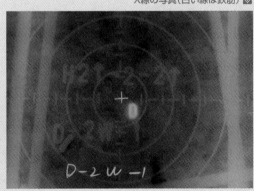

📷 品質の劣る立面上部からのコア採取

品質の　劣るところで　コア採取
品質評価は　安全側で
☞ p.180 ＊50

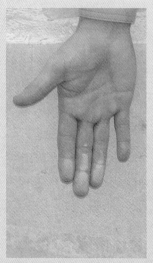

触って品質確認。擦って白い粉が
付くのは表面が壊れている証拠

見て聴いて　触って分かる　こともある
五感も使って　品質評価
☞ p.190 ＊54

空隙の多いコンクリート（左）、少ないコンクリート右）
強度だけじゃ　耐久性は　分からない
空隙の量　調べて評価
☞ p.184 ＊53

外観の異なるコンクリート。
基本的に黒っぽいものほど密度が高く、高品質⚓

上から直径3.3cm、7.3cm、10cmのコア⚓
10cmの　穴はさすがに
困るけど3cmなら　いいんじゃないの？
☞ p.182,184 ＊52

第 6 章

コンクリート工事の実際

📷 汚れた型枠

転用枠　清掃補修を　怠らず
継ぎ目はペースト　漏れ出し防ぐ
☞ **p.200** ＊55

📷 打ち重ね前に硬化が進んだ下層のコンクリート

できるだけ　夏場の打設は　避けるよう
配慮するのも　品質管理
☞ **p.216** ＊56

📷 固い生コンを、スコップを用いて生コン車から荷卸し

スランプは　小さい方が　高品質
目標値以下で　受け入れが基本
☞ **p.220** ＊57

📷 上面を釘で引っ掻いて硬化状態を確認

釘などで　躯体の上面　引っ掻いて
傷の太さで　強度推定
☞ **p.232** ＊59

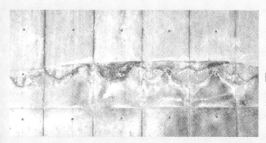

◀ 打ち重ねの跡。見栄えはしないが、
　　下層までのバイブレータの挿入がうかがえる

打ち重ね部　下層までバイブ　間に合わない
ときは水撒き　バイブで加圧
☞ **p.226** ＊58

☝ 小径コアによる新設構造物の検査

実体は　テストピースじゃ　分からない
小径コアで　品質確認
☞ **p.236** ＊60

☝ コア採取による住宅基礎の打継部の一体化確認

コア抜きで　施工状態　確認し
技術高めて　コンクリマスター
☞ **p.236** ＊61

☝ 石灰石の産地武甲山とセメント工場

山を削り　二酸化炭素を　大量に
排出してできる　貴重なセメント
☞ **p.250** ＊62

図解入門
How-nual
Visual Guide Book

よくわかる 最新
コンクリートの
基本と仕組み

発注者も施工者も知っておきたい基礎知識

［第4版］

岩瀬 泰己／岩瀬 文夫 著

秀和システム

改訂にあたって

　前回の改訂からまだ2年ですが、単に増刷するのではなく「何か付け加えてもらえないか」というお話をいただき、この度の改訂の運びとなりました。今回の第4版では、グラビアページを大幅に増やすとともに、「コンクリートのこれから」という第7章を新たに設け、また脚注を追加しました。ここではそれらについて簡単に触れたいと思います。

　グラビアページには、章ごとに関連した写真をまとめ、写真には短歌を付けました。この短歌は拙著『これだけ！コンクリート』（秀和システム）に掲載していたものです。『これだけ！コンクリート』は残念ながら絶版になってしまいましたが、このコンクリート短歌は講習会の中でしばしば紹介しております。そこで、この短歌を何とか活用できないかということで、本書においてはグラビアと本文の橋渡しのような役割を担わせてみました。

　気楽に読みたいという方は、まずグラビアページをご覧いただき、それから本文の関連箇所を見ていただくことをお勧めいたします（本文の関連個所は水色のアンダーラインで目立つようにしました）。

　なお、レイアウトの都合上写真の並びが番号順（本文に出てくる順番）になっておらず、やや見づらい面もあるかと思いますが、ご了承ください。

　7章では、今後コンクリート工事がどうなっていくのかという展望と、よいコンクリートを造ることについて個人的な見解を書きました。

　脚注については、専門用語の説明を充実させるとともに、本文とグラビアをつなぐ短歌を記載しました。

　本書は教科書的な内容で、ややとっつきにくいところがあると感じていました。今回の改訂により少しは改善できたのではないかと思っておりますが、いかがでしょうか。ご意見いただけましたら幸いです。

2022年12月　岩瀬泰己

はじめに

　私たちの周囲には、まさに無数のモノがあります。私たちが目にできるモノも数多くあります。しかし私たちの興味をそそる、つまり五感を集中させて「知ろう」「知りたい」と感じさせるようなモノは、その中のほんの一部でしかありません。

　ところで、モノの質は多くの人々に興味を持たれるほど高められていく傾向があるようです。そうであれば、私たちの生活（衣食住）に欠かせない重要なものほど、その実態をわかりやすく伝え、多くの人々に関心を持ってもらうようにすることが大切なのではないでしょうか。

　コンクリートは現代社会に欠かせないものですが、どちらかといえば陰で私たちの生活を支えてくれる地味な存在であり、基本的にあまり興味の対象にはなりにくいようです。しかしコンクリートが、暴風雨や火災、地震などの災害から私たちを守り、また私たちの生活をさまざまな形で支えてくれているのは確かなことです。

　本書は、現代社会において、そのような重要な役目を担っているコンクリートに、少しでも多くの方に興味を持っていただけるようにと願い、2007年2月に発行した『よくわかる最新コンクリートの基本と仕組み』をさらにわかりやすく改訂したものです。現在一般に流布している（常識化している）ものとは異なる考え方もあえて書いていますが、とくに一般の読者の方に誤解がないように、そのような部分については「私の考え方」として書かせていただきました。

　コンクリートは一見どれも似たような姿に見えますが、その品質には実は大きな違いがあります。現在は、コンクリートの基本的な性質に対して正しい理解がないために、安易に扱われるのが一般的です。しかし世間の関心が高まれば、少しずつでも、手間ひまを惜しまない「匠の業」を追い求めるような作り手が増えて行くに違いありません。

　本書によって、多くの方々にコンクリートに対して興味を抱いていただけることを、心より願っております。

岩瀬泰己　岩瀬文夫

図解入門 よくわかる 最新
コンクリートの基本と仕組み[第4版]
CONTENTS

第 1 章

コンクリートの基礎知識

　家の外へ出て、あらためて周囲をよく見回してください。道路、住宅の基礎、塀、電柱、マンション——。現代社会では、目に見える部分に限っても様々な用途にコンクリートが使われていることが分かります。

　本章では、このように身近にあるコンクリートとはそもそもどのようなものなのかといったことから、コンクリートのつくり方やその性質まで、基礎知識を解説していきます。

1-1

コンクリートとは？

正しくつくられたコンクリートは非常に丈夫です。コンクリートは通常水に触れても大きく劣化することはなく、そのため、コンクリートは目に触れるところに限らず、土の中、川の中、海の中など、幅広く使われています。見た目は石のようでもありますが……。コンクリートの正体を探ってみましょう。

▶▶ 身近なコンクリート

コンクリートはとても身近な**建設材料**です。現在のように広く使われるようになった理由はいくつか考えられますが、他の建材、鋼材や木材、石材にはない特徴として「型枠を組むことができれば、どのような形状のものでもつくることができる」という成形の自在性が挙げられます。また、原料が入手しやすいことや、その結果として価格が安いことは普及に大きく寄与したと考えられます。コンクリートは、おそらくみなさんが想像する以上に安価で、その値段はペットボトルの水よりもはるかに安く、1ℓで10円程度です。

コンクリートは現在もっとも一般的な建設資材のひとつであり、わが国におけるこれまでの総使用量は100億m³（日本全土にならすと、約2.6cmの厚さ）にも達しています。一方コンクリートは、多量に使われるようになってから、せいぜい100年程度です。その間新しい施工法、材料が次々に実用化され、一般の方はもとより、建設関係者の間にすらコンクリート技術の正しい基礎知識が十分浸透しているとはいえない状況です。誤った認識が、**ひび割れ**や**早期劣化**など多くの問題を引き起こしているのです。

現在建設業界では、要求性能を満足するコンクリートをつくるうえでの基本的な考え方は、簡単に言えば「要求性能に見合った生コンを使用する」というものです。しかしながら、コンクリートは、使用材料によって硬化後の品質が変わるのはもちろんですが、同じ生コンを用いても**施工**の仕方によって、その品質は大きく異なるものとなります。どんなに優れた材料でも、正しい知識や技能のある施工者が用いなければ、その良さを十分に引き出すことはできないのです。本書では、普段あまり目を向けられることのない施工についてとくに重視しながら、コンクリートの基本について解説していきます。

身近なコンクリート（1-1-1）

コンクリートの用途

分　野	用　途
港　湾	防波堤、消波ブロック、灯台 など
河　川	堰、堤防、護岸ブロック など
下水道	ボックスカルバート、ヒューム管、マンホール、汚水桝など
道　路	地下道、共同溝、縁石、側溝、橋脚、橋台、トンネル、擁壁、コンクリート舗装、斜面補強、インターロッキングブロック など
鉄　道	枕木、遮音壁、地下鉄、橋脚、橋台、トンネル など
電　力	ダム、原子力発電所、火力発電所、鉄塔基礎、電信柱 など
一　般	住宅の基礎、地下室、集合住宅、ビル、倉庫、病院、ブロック塀、車止め、杭 など

現代社会は至る所にコンクリートが使われている

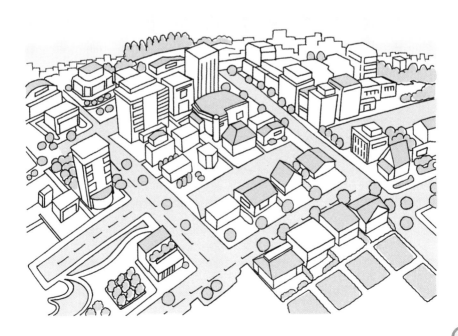

▶▶ コンクリートとは？

　コンクリートは**セメント**、**水**、**砂**、**砂利**などの材料を混ぜ合わせて固めたものです。それは「コンクリート」という呼び名にも表れています。「コンクリート (concrete)」という言葉には、語源的に「共に (con)」「成長する (cre)」という意味があります。

　誤解されることも少なくないようですが、コンクリートはセメント、水、砂、砂利を材料としたものをいいます。セメント、水、砂だけのものは**モルタル**、セメントと水だけのものは**セメントペースト**と呼ばれ、コンクリートとは区別されています。コンクリートは、セメントペースト（セメントと水の混合物）を接着材として、砂や砂利を結合させたものです。[*1] セメントと水は、化学反応によって「**ガラス質**[*]の結晶」をつくりますが、この結晶が非常に強固であるため、コンクリートも強固なものとなるのです。ガラス質の結晶ができることは、表面が滑らかな型枠を用いたときに、コンクリート表面に光沢が現れることで実感できます。

　砂や砂利はもちろん、セメントも元をたどれば石（石灰石）ですから、コンクリートは「石の親戚」ともいえます。石にも、軽石のように空隙の多いもの、密度の大きいもの、軟らかいもの、硬いものがあるように、ひと口にコンクリートと言っても、その品質はさまざまです。練り混ぜる材料そのものの品質、各材料を混ぜ合わせる割合、つくり方（施工法）などによって品質が変わるのです。

　なお、通常「コンクリート」といった場合は固まったものを指し、まだ固まらない流動性のあるものは「**フレッシュコンクリート**」または「**生コン**」と呼ばれています。

▶▶ 鉄筋コンクリート

　コンクリートには「圧しつける力には強い一方、引っ張る力、曲げる力には弱い」という性質があります。そのため単体で使われることは少なく、通常は引っ張る力や曲げる力に対する抵抗力が大きい**鉄筋**を埋設した**鉄筋コンクリート**として使われます。[*2] 鉄筋コンクリートの発明によって、コンクリートの用途は飛躍的に広がりました。

　鉄筋コンクリートのことを**RC** (Reinforced Concrete) ということがありますが、これは「（鉄筋で）補強したコンクリート」の意味があります。鉄筋コンクリートを耐久性の高いものとするためには、鉄筋の腐食を防止することが不可欠です。密実なコンクリート、ひび割れのないコンクリートが求められているわけです。

※ガラス質：ガラスはケイ酸塩と主成分とする硬く透明な物質。セメント硬化体はその一種であるケイ酸カルシウムの結晶。

コンクリートとは？（1-1-2）

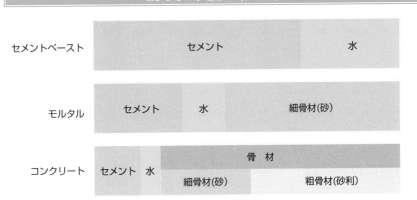

＊割合は質量比で、おおよその目安。
＊材料としては、上記のほかに混和材料、空気が混入される。
（参考：セメント協会HP）

鉄筋コンクリート（1-1-3）

鉄筋の役割

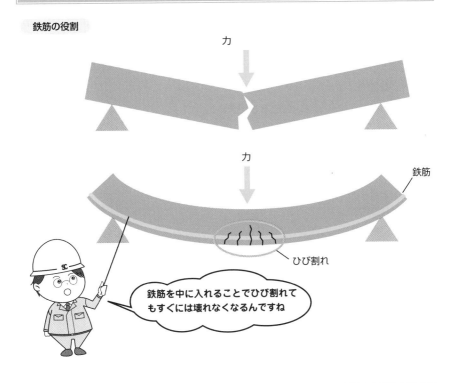

鉄筋を中に入れることでひび割れて
もすぐには壊れなくなるんですね

＊1：セメントと　水と砂・砂利 混ぜたもの　コンクリートは　人工の石
＊2：コンクリの　曲げる力や　引っ張りに　弱い性質　鉄筋で補強

コンクリートの種類と特徴

「コンクリート」とひと口に言っても、使用する目的や条件により材料や施工法は
さまざまです。完成後の品質や性能も、一概には言えません。新技術や新材料の開
発により、近年ますます多様化してきています。ここではコンクリートをいくつかの
観点から分類するとともに、その他特徴的なコンクリートを紹介します。

▶▶ 結合材による分類

コンクリートの材料の中で、接着剤の役割を果たす材料を**結合材**といいます。**セ
メントペースト**（セメント＋水）のほかに、広い意味では、**アスファルト**や**ポリマー**
（不飽和ポリエステル樹脂、エポキシ樹脂等）もコンクリートの結合材に含めること
ができます。ここでは結合材の種類によるコンクリートの特徴を紹介します。

なお、通常「コンクリート」と言った場合は、セメントペーストを結合材とする**セ
メントコンクリート**のことを指し、本書では基本的にセメントコンクリートについて
解説します。

❶セメントコンクリート

セメントコンクリートは、私たちが通常、コンクリートと呼んでいるものです。**セ
メントペースト**を結合材とし、砂や砂利などと混ぜ合わせて固めたものです。安
価であることから、社会インフラの整備などに広く用いられています。早く固まる
ものもありますが、通常は硬化に時間を要し、所要の強度に達するまでの期間と
して1ヵ月程度をみています。

❷アスファルトコンクリート

原油から分離される**アスファルト**を結合材とし、砂や砂利などと混ぜ合わせたも
ので、主に道路の舗装材として使われています。

アスファルトコンクリートは、高温で溶かしたアスファルトが温度が下がると固ま
る性質を利用したものです。現在はかなり改善されていますが、夏場に直射日光
を受ける道路ではアスファルトが軟化する傾向があります。

結合材による分類（1-2-1）

種　類	結合材	特　徴	用　途
セメントコンクリート	セメントペースト	安価、硬化に時間がかかる	建材
アスファルトコンクリート	アスファルト	高温で変形	舗装
ポリマーコンクリート （レジンコンクリート）	ポリマー （合成高分子）	強度、耐薬品性、耐摩耗性、防水性などに優れている。高価	マンホール、下水管、車止め、点字ブロックなどの製品

骨材による分類（1-2-2）

種　類	特　徴
川砂利コンクリート	粗骨材として天然の川砂利を使用したコンクリート。川砂利の枯渇に伴い、現在はあまり見られなくなっている。
砕石コンクリート	粗骨材として川砂利に代わって、砕石を使用したコンクリート。
軽量コンクリート	密度の小さい（軽い）粗骨材（通常2.5g/cm^{3}以上であるのに対し、2.0g/cm^{3}未満）を使用したコンクリート。構造物の軽量化を目的に使用されている。人工的に製造された強度の高い軽量骨材を使用したコンクリートは、建築の構造部材として使用されている。一方、火山れきなど、天然の軽量骨材は強度が低いものが多く、天然軽量骨材を使ったコンクリートは非構造用として使われている。
重量コンクリート	密度の大きい（重い）粗骨材（主に4.0g/cm^{3}以上）を使用したコンクリート。放射線は密度の大きなものほど透過しにくいため、放射線遮蔽用などに用いられる。

混和材料による分類（1-2-3）

種　類	特　徴
膨張コンクリート	膨張材や膨張セメントを使用することで、硬化の際に体積膨張するようにしたコンクリート。ひび割れを生じにくくする効果がある。
AEコンクリート	AE剤（Air Entraining Agent）を使用することで、生コン中に微細な空気を混入させたコンクリート。凍害に対する抵抗性を高める効果がある。
流動化コンクリート	流動化剤を使用することで、生コンの流動性を高めたコンクリート。他の多くの混和剤が生コンを製造する際に一緒に練り混ぜられるのとは異なり、流動化剤は通常現場でミキサ車の中に投入される。施工性の低下した生コンの流動性を回復するためなどに用いられる。

❸ポリマーコンクリート（レジンコンクリート）

結合材の一部または全部に不飽和ポリエステル樹脂、エポキシ樹脂などの**合成高分子**[※]（ポリマー）を用いたコンクリートで、基本的にセメントコンクリートよりもすり減りにくく、耐久性に優れています。しかし、高価であるため用途は限られており、現在は、路面補修、床ライニング[※]などのほかは、点字ブロックやマンホールといった工場製品にしか用いられていません。

▶▶ 骨材による分類

コンクリートの材料のうち、砂や砂利を「**骨材**」と呼びます。骨材は大きさによって区別され、粒の細かいものを**細骨材**、粗いものを**粗骨材**と呼びます。専門用語では、天然のものを**砂**や**砂利**と呼び、岩石を砕いてつくったものを**砕砂**や**砕石**と呼んで区別していますが、本書では、基本的に「砂＝細骨材」「砂利＝粗骨材」とします。コンクリートは使用される骨材の種類から、図1-2-2のように分類できます。

▶▶ 混和材料による分類

混和材料とは、セメント、水、砂、砂利以外に加える材料のことです。使用量が比較的多いものを**混和材**、少ないものを**混和剤**と呼んで区別しています。混和材料を用いたコンクリートにはさまざまなものがありますが、特徴的なもので比較的よく使われるものとしては、図1-2-3のように**膨張コンクリート**、**AEコンクリート**、**流動化コンクリート**などがあります。

▶▶ 構造による分類

一般的な構造物に用いられる**鉄筋コンクリート**（RC）、同じ太さの柱であれば、鉄筋コンクリートよりも耐震性などに優れているために、高層建築に用いられる**鉄骨鉄筋コンクリート**（SRC）のほか、あまり一般的ではありませんが、合成繊維や鋼繊維などの繊維を練り混ぜた**繊維補強コンクリート**（FRC）といったものもあります。

繊維補強コンクリートは、繊維を多量に練り混ぜた場合、鉄筋や鉄骨で補強したコンクリートの変形性能を凌ぐものとすることも可能です。現在は構造材として用いられることはほとんどなく、トンネルや橋脚、橋梁などの土木構造物の剥落防止や、ひび割れ抑制を目的に用いられることが多くなっています。

※合成高分子：人工的に合成された分子量1万程度以上の高分子物質。プラスチック、塗料、接着剤などに利用されている。タンパク質、天然ゴム、膠などは天然高分子。
※床ライニング：腐食や劣化を防ぐための床のコーティング。

構造による分類（1-2-4）

▲ RC の型枠建込み前の柱の鉄筋

▲ SRC の型枠建込み前の柱、梁の鉄骨と鉄筋

「**基礎コンクリート**」「**耐圧コンクリート**」「**床コンクリート**」など、部材に応じた呼び方をすることもあります

製造法による分類（1-2-5）

種　類	特　徴	用　途
レディーミクストコンクリート	生コン工場で製造されるコンクリート。生コン工場のミキサで練り混ぜ、ミキサ車で現場まで運搬する。	一般コンクリート工事
現場練りコンクリート	現場で製造されるコンクリート。手練り、小型ミキサで練り混ぜるもののほか、海洋構造物のためのミキサ船、ダム工事のために専用設備で製造するものなどがある。	小規模の土間などの工事、海洋構造物、ダムなど
プレキャストコンクリート	工場で製造されるコンクリート製品。	各種ブロック、電柱など

製造法による分類

　建設現場で打設するコンクリートは、その製造法から**レディーミクストコンクリート（生コン）**と**現場練りコンクリート**に分けることができます。

　レディーミクストコンクリートとは、設備の完備した生コン工場で製造されるコンクリートのことです。通常生コン工場のミキサで練り混ぜた生コンを、分離しないよう**ミキサ車**で撹拌（かくはん）しながら運搬、現場に納入します。[*3] 現場練りコンクリートは、建設現場で製造するコンクリートで、小規模の土間などを小型のミキサや手練りなどで簡便につくるものと、海洋構造物やダムなど規模の大きい構造物を、本格的な設備を用いてつくるものがあります。

　なお、建築学会の仕様書や土木学会の示方書では、通常の構造物にはレディーミクストコンクリートを使用するよう定められています。

　製造法による分類としては、このほかに、電柱やコンクリートブロックのように工場で生産する**プレキャストコンクリート**があります。プレキャストコンクリートは、近年、建築物の壁や柱、梁、床などにも活用されるようになってきています。

　建築物の部材に工場で製造した製品を使用する利点としては、①建設現場で型枠などの準備が不要となる、②現場よりも変動の小さい環境下で製造できるため、コンクリート品質の変動を小さくできる、③完成品として使用するため現場における養生期間が不要となる、④工事が天候に左右されにくくなる、などが挙げられます。工場製品をうまく活用すれば、優れた品質のコンクリート構造物を短い工期でつくることができます。

その他の特徴的なコンクリート

　以上の分類には当てはまらない、特徴的なコンクリートとしては、早強セメントを用いることで強度の発現を早めた**早強コンクリート**、土木構造物や建築物の地中梁など部材断面が大きい（厚みがある）**マスコンクリート**、あらかじめ型枠内に砂利を詰めておいたところに膨張性のモルタルを注入する**プレパックドコンクリート**、圧縮力を加えておくことによってひび割れを生じにくくした**プレストレストコンクリート**、高性能AE減水剤などを用いて著しく流動性を高めた**高流動コンクリート**、同じく高性能AE減水剤などを用いて一般的なものより強度を高めた**高強度コンクリート**などがあります。

＊3：生コンとは　設備完備の　工場で　練り混ぜられた　硬化前のもの

その他の特徴的なコンクリート（1-2-6）

種　類	特　徴	用　途
早強コンクリート	早強セメントを用い、普通のコンクリートより早く固まるようにしたコンクリート。長期強度も大きい	プレストレストコンクリート、寒中コンクリート、工期短縮を要する工事、工場製品 など
マスコンクリート	部材の大きいコンクリート。セメントが水和する際の熱が構造物の外に逃げにくいため、コンクリート内部の温度が60℃を超えることもある。温度変化によるひび割れ(温度ひび割れ)が生じやすい。	ダム、橋脚、フーチング など
プレパックドコンクリート	型枠の中に粗骨材のみ先に入れておき、後からそのすき間に膨張性のあるモルタルを流し込んで作るコンクリート。乾燥収縮が小さい。長期強度が大きい。	水中コンクリート、放射線遮蔽コンクリート、逆打ちコンクリート など
プレストレストコンクリート(PC)	PC鋼材を引っ張った状態でコンクリートに定着させたコンクリート(コンクリートには圧縮力が生じる)。見かけ上コンクリートの引張強度が高まり、ひび割れが生じにくくなる。	一般建築の柱、梁、床、橋梁、パイルを始めとした工場製品 など
高流動コンクリート	高性能AE減水剤(または高性能減水剤)を使用し、流動性を高めるとともに、粉体量を増やしたり、増粘剤を加えたりすることにより、材料分離抵抗性を高めたコンクリート。非常に流動性が高く、締め固めを必要としない。	過密配筋部材 など
高強度コンクリート	建築学会の仕様書では36N/mm²以上、土木学会の示方書では50〜100N/mm²のコンクリート。通常は高性能AE減水剤を用いている。水セメント比が小さいため、ペーストの粘性が高い。流動性が高められることが多い。	一般建築 など

用途に応じていろんなコンクリートが使われているんですね

1-3
コンクリートはなぜ固まるのか

　品質の優れた耐久的なコンクリートをつくるには、コンクリートの性質を正しく理解したうえで工事を行なうことが欠かせません。コンクリートの性質に基づいて作業方法を工夫したり、環境条件を整えたりする必要があるためです。ここでは、コンクリートが固まる理由と、固まるのに適した条件について解説します。

▶▶ コンクリートが固まる理由

　コンクリートは、セメントペーストを接着剤として固まります。セメントペースト中のセメントと水が化学反応（**水和反応**）し、ガラス質の結晶が草花の芽や根のように徐々に成長していく過程で、砂や砂利をガッチリと固定するのです。[*4] 硬化の過程では、草花の成長と同じように温度や湿度の影響を強く受けます。そのため施工においては、それらの環境条件を考慮して作業することが大切になります。

　結晶の硬さは、基本的に接着剤の役割を果たすセメントペーストの濃さ、つまりセメントと水の割合で決まります。水の割合が大きいほど接着剤は薄まるため、強度は小さくなります。

COLUMN ## コンクリートは乾燥して固まるわけではない！

　小さい頃、泥ダンゴの固さ比べをしたことを今もよく覚えています。泥ダンゴは湿り気があるときは置いただけでもグニャッと変形しますが、乾燥させるとカチカチに硬くなります。コンクリートの硬化は、一見泥ダンゴのそれとよく似ていますが、基本的に異なる現象です。コンクリートは「乾燥して固まる」のではなく、セメントと水の化学反応で生成する「結晶の成長により固まる」ものだからです。

　コンクリートをつくる際は、通常セメントの水和反応に必要とするよりも、多くの水を用います。そうすることで、コンクリートが柔らかくなり、扱いやすくなるためです。ただ柔らかい生コンはギュッと締め固めることができません。水は少ない方がよいのです。この辺りは泥団子にも通じることです。コンクリートに生じるひび割れの大部分は、水の蒸発に伴う体積の減少に起因するものです。硬化初期に乾燥状態にさらされたコンクリートは、反応に不要な水だけでなく、水和反応に必要な水までもが蒸発してしまい、強度が十分に得られなくなることもあります。

　コンクリートは「乾燥して固まるわけではない」どころか、実は乾燥させてはいけないのです。

＊4：セメントと　水混ぜたものが　接着剤　化学反応で　徐々に固まる

コンクリートが固まる理由（1-3-1）

セメントの水和

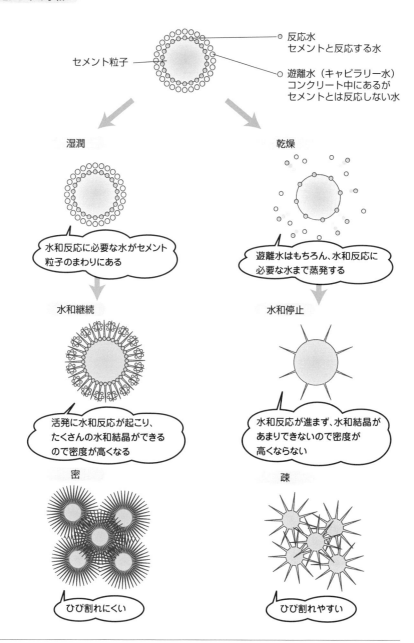

▶▶ 結晶の成長条件

　セメントの水和結晶の成長は、草花の芽や根の成長と同様にジワジワとしか進まないため、コンクリートが完全に固まるまでには時間がかかります。湿り気のある状態を保持することができれば、数年経っても強度は少しずつ伸びていくほどで、その場合、1ヵ月経過時点での強度は、まだ最終的な強度の7～8割に過ぎません（図1-3-2上図）。一方、通常の建設現場のように乾燥状態にさらされる場合には（とくに建築のコンクリートのように厚みがあまりない場合には）、反応に必要な水分が蒸発によって失われるため、長期間の強度の伸びは期待できないのが普通です。養生を怠ると、極端な場合、所要の強度が得られなくなることもあります。なお、仮に強度に問題がなかったとしても、養生が不足したコンクリートは表層部に隙間が多いため、耐久性に疑問があります。

　ところで、セメントと水の反応は化学反応であるため、温度が高いほど反応が早まる（早く固まる）傾向があります。つまり、夏場は早く固まり、冬場はゆっくり固まるわけです。このように説明すると、早く固まる夏場の方が良いようにも思われますが、実は低温下で徐々に固まったコンクリートは結晶が緻密に生成するため、長期的に見ると高温下で固まったものよりも強度が大きく、品質が優れたものとなる傾向があります（図1-3-2下図）。

> **COLUMN　暑中の生コン打設**
>
> 　生コンの温度は35℃以下とすることを原則としています。温度が高くなると、早く硬くなるため、水の使用量を増やす必要が生じ（耐久性上望ましくない）、また施工が難しくなり（コールドジョイントが生じやすくなる）、さらには高温下で硬化するとコンクリートは硬化組織が粗雑になり、品質が劣るものとなる傾向があるためです。
>
> 　一般に、生コンの温度は、気温が20℃くらいのときは、気温よりも3～5℃程度高く、気温が30℃を超えるような場合は、気温と同程度のことが多いようです。真夏には猛暑日になることもめずらしくなくなっている昨今、打込み時の生コンの温度が35℃を超えることは、記録上はともかくも、実際には決してめずらしくはありません（書類では35℃を超えてないようにすることがあるということ）。
>
> 　中東などでは日中の炎天下の気温は50℃に達することもあるため、生コン打設は夜間に行なわれることが多くなっているようです。日本でも40℃超えの気温を耳にするようになっており、氷の使用を含む練り水の冷却や、場合によっては夜間の打設も積極的に考えなければならなくなってきているのかもしれません。

結晶の成長条件（1-3-2）

材齢と強度の伸び

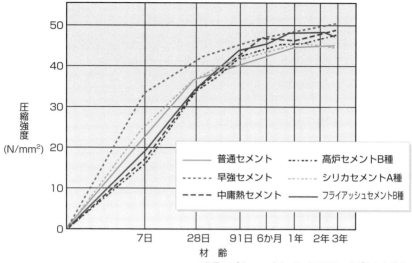

＊スランプ4cm、水セメント50%、20℃水中養生
（参考：「セメントの常識」セメント協会）

養生温度と強度の伸び

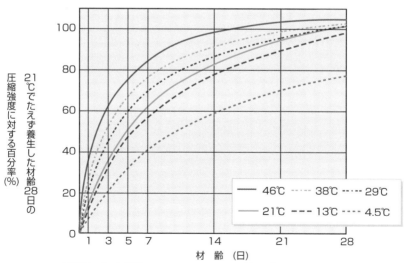

＊中庸熱セメント使用　　　　　　＊AE剤用いない
＊水セメント比50%、C＝360kg/m³　＊供試体は打込み後密封し、上記温度に保った
　　　　　　　　　　　　　　　（参考：「コンクリートマニュアル」国民科学社）

1-4

コンクリートのつくり方

　コンクリートは、セメント、水、砂、砂利などを混ぜ合わせた生コンを、所定の形状の型枠に詰め込んでつくります。これは構造物でも工場製品でも同じですが、具体的な施工方法は異なります。ここではコンクリートがどのようにつくられるのかを簡単に見ていくことにします。

▶▶ コンクリート構造物のつくり方

　一般的なコンクリート構造物は、「生コン工場で製造し、ミキサ車で建設現場まで運搬した生コンを、現場でポンプ車のホッパまたはバケットに荷卸しし、それを配管またはクレーンで打ち込み箇所まで搬送し、型枠内に充填・締め固めを行ない、その後、湿潤養生を行なう」という工程でつくられています。各工程の概要は次のとおりです。

❶生コン製造

　生コンは**生コン工場**でセメント、水、骨材、混和剤などの材料を練り混ぜて、製造されます。硬化前と硬化後のコンクリートを所要の品質とするために、「適正品質の材料」を「適切な混合割合（**配合**）」でプラントのミキサに入れ、均質になるまで練り混ぜます。

❷積み込み

　練り上がった生コンはミキサ下の積み込み用ホッパに排出し、製造担当者がモニタを通じて品質に異常がないことを目視確認した後、**ミキサ車**に積み込みます。

❸運搬

　ミキサ車の運転手は積み込んだ生コンを**納入伝票**で確認し、配車担当者の指示に従って建設現場まで運搬します。

❹荷卸し

　ミキサ車が現場に到着したら納入伝票に到着時刻を記入し、現場の担当者に記載

コンクリート構造物のつくり方① (1-4-1)

❶ 生コン製造 → ❷ 積み込み → ❸ 運搬 → ❹ 荷卸し → ❺ 生コン受入試験 → ❻ 打設 → ❼ 養生

▲生コン工場

▲ミキサ車

▲荷卸し

▲生コン品質試験

事項を確認してもらいます。納入現場、運搬時間、配合等に問題がなければ、担当者の指示に従い**荷卸し**を開始します。

なお、次項に示す受け入れ生コンの**品質試験**を所定の頻度で行ないます。

❺生コン受入試験

入荷した生コンが注文どおりの品質であることを確認するために、**スランプ**＊、**空気量**、**温度**、**塩化物量**、**単位水量**などの試験を行ないます。試験の結果が許容範囲内であれば受け入れ、規格から外れた場合には、返品などの対処をします。なお、受入試験の際には、強度試験のためのテストピースの採取も併せて行ないます。

❻打設

荷卸しした生コンは、**ポンプ車**の配管（**バケット**の場合はクレーン）により、打ち込み箇所まで搬送し、型枠に充填します。このとき、生コン中に巻き込まれた空気を追い出すために、型枠の内部からは**インナーバイブレータ**によって、外部からは木づちや型枠バイブレータによって振動を与えます。

生コンは比重の異なる材料を練り混ぜたものであるため、練り水が多く、スランプの大きい柔らかい生コンはとくに、重力の影響により水などの比重の小さなものが分離・上昇しやすく、それらが集まる上部のコンクリートは品質が悪くなる傾向があります。したがって、品質の優れたコンクリートをつくるためには、練り水が少ない固い生コンを使用することが重要で、そのうえで、水が上昇することで生じた微細な傷（**水ミチ**）を壊す作業（**再振動締め固め**）や、水分の多くなった上面付近のコンクリートの密度を高めるための叩き（**タンピング**）や**コテ押さえ**といった作業をていねいに行なう必要があります。これらのコンクリートを密実にするための作業を総称して「**打設**」と呼んでいます。

近年は少ない打設作業員での打設が普通となっており、結果として密度を高める作業が不足しており、そのことが練り混ぜる水の量が多いことと相まって、**ひび割れ**や**雨漏り**、**鉄筋腐食**などの問題を引き起こしています。

❼養生

打設した生コンの表面は、押さえ作業終了後、**乾燥**や**凍結**から保護するために外気と遮断する必要があります。セメントと水の化学反応（**水和反応**）がさかんな

＊スランプ：生コンの流動性（施工性）の目安で、流動性が高い（施工しやすい）生コンほどこの値が大きくなる。3-2節参照。

打設直後はとくに、反応に必要な水分が失われないよう水分の蒸発防止対策を講じることが大切です。上面に水をためたり（冠水）、散水後シートを被せることは、湿潤状態を保つのに効果的です。

型枠解体後の露出面に対する養生も重要です。散水後、その水を封じ込めるようにビニールシートを張り付けるなどし、できるだけ長期間乾燥から保護します。

養生を怠り、セメントの水和に必要な水が不足すると、表面にガラス質の結晶が構築されず、微細な空げきの多い、ひび割れやすいコンクリートとなります。

コンクリート構造物のつくり方②（1-4-2）

▲打設

▲養生

品質のよいコンクリートをつくるためには手間を惜しまないことが大切なんですね

▶▶ コンクリート製品のつくり方

　工場で製造されるコンクリート製品（**二次製品**）は、一般に鋼製または樹脂製の型枠の中に必要に応じて鉄筋を配置したうえで、生コンをバイブレータで振動させながら充填させてつくります。一定の条件下で作業できるため、密度を高める作業を入念に行なうことができ、現場では打設できないような水量の少ない固い生コンも採用されています。生コン充填後の養生も実施しやすいため、建設現場で打設されるものよりも耐久的なコンクリートをつくりやすい条件にあるといえます。

　パイル（基礎杭）や電柱、下水道に使われているヒューム管などの円筒形のコンクリート製品は、**遠心成形機**によって遠心力で締め固めて成形しています。

　一方、道路工事に用いられる境界ブロックなど小型の製品の製造では、型枠を機械に取り付けて振動と圧力を同時に加えて成形し、ただちに脱型（**即時脱型**）するなど、工程のすべてを機械化することで生産性を高めている工場もあります。

　養生方法としては、硬化を促進する効果のある蒸気養生が活用されています。

　また、高温高圧下（180℃、10気圧程度）で養生を行なうオートクレーブ養生といったものもあり、ALC（軽量気泡コンクリート）の製造などで利用されています。

COLUMN　ボロボロの二次製品

　コンクリート二次製品は、現場で打設されるコンクリートと比べ、環境変化の小さい条件で製造できることから、品質の優れたものをつくりやすいといえます。しかし、一般に出回っている製品は、必ずしも良質なものばかりではなく、表面のモルタル分が消失し、内部の砂利が露出しているものも見受けられます。なぜでしょうか。

　それは、コンクリートについての知識が不十分なままに、製品を製造している工場があるためです。納期に間に合わせるために養生が不足した状態で製品を出荷することもあるようですが、見た目は大きく変わらなくても、養生不足により表層部に隙間が多くなったコンクリートは、耐久性に問題があります。

　凍害防止のために AE コンクリートを用いても、密度を高める（隙間を少なくする）作業を行なわなかったコンクリートは、厳しい環境下では凍害をまぬがれません。凍害は隙間に浸入した水の凍結融解の繰り返しの結果生じるものであり、隙間があるから水が浸入するのです。水の少ない生コンを型枠の中にギュッと詰め込み、養生で表面付近のセメントをしっかり水和させる、というコンクリートの基本を忘れてはいけません。

コンクリート製品のつくり方（1-4-3）

コンクリート二次製品

分 野	製 品
河 川	護岸ブロック など
下水道	汚水枡、マンホール、ヒューム管、ボックスカルバート など
道 路	共同溝、縁石、側溝、インターロッキングブロック など
鉄 道	枕木、擁壁・土留め、トンネル用セグメント など
電 力	電柱、ハンドホール など
一 般	杭、擁壁・土留め、ブロック塀、車止め など

▲電柱

▲ブロック塀

▲縁石

▲車止め

1-5

生コンの性質

　ひと口に生コンと言っても、練り混ぜる材料やその割合によって性質は大きく異なります。流動性が高く、流れるようなものから、ボソボソの固いものまで、用途や現場の条件に応じて使われています。ここでは、生コンの性質のうち、とくに流動性を中心に説明します。

▶▶ 生コンの流動性

　生コンの**流動性**は、通常の生コンは**スランプ試験**で、高強度コンクリートなどの柔らかい生コンはスランプフロー試験（単に**フロー試験**とも言う）で確認します。

　ひび割れの生じにくい密実なコンクリートを造るためには本来固い生コンで打設するのが望ましいのですが、現在は鉄筋量が増えていることもあり、手間をあまりかけずとも充填不良の生じにくい、流動性の高い生コンが好んで用いられています。

　生コンの流動性は、練り水の蒸発や、セメントの水和反応による結晶の成長に伴い時間とともに低下します。気温が高いほど、結晶の成長速度が速く（早く固まる）、流動性の低下が早いため、扱いにくい傾向があります。練り水の量（単位水量）が少ないほど、スランプが小さいほど、流動性を失って固くなるまでの時間が短くなる傾向もあります。また、生コンは静止したままにすることでも、流動性の低下が早まります。生コンをミキサ車で運搬する際、ドラムを回転させているのは、分離を防ぐだけでなく、流動性の低下を防ぐためでもあります。

▶▶ 材料の分離

　生コンは密度の異なる材料を混ぜ合わせたものです。そのため、分離抵抗の小さい柔らかい生コンの場合はとくに、重力の影響により「密度の大きい骨材は下へ、密度の小さい水などは上へ」という分離が顕著に認められます。

　材料分離が生じると、上部のコンクリートは、水の割合が大きくなるため、ひび割れの生じやすい、強度や耐久性の低いものとなります。逆に、下部のコンクリートは、水の割合が小さく、なおかつ上から圧力がかかった状態で固まるため、空隙が少ない強固なものとなります。極端な場合では、上部のコンクリートの強度は、下部の5割以下になることもあります。

生コンの流動性（1-5-1）

生コンの分離

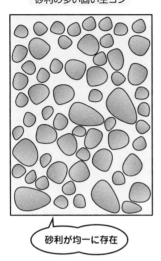

砂利の多い固い生コン

砂利が均一に存在

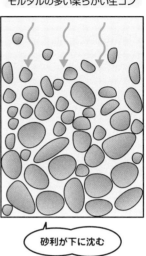

モルタルの多い柔らかい生コン

砂利が下に沈む

材料の分離（1-5-2）

床からの高さ（打ち込み面からの深さ）と強度の傾向

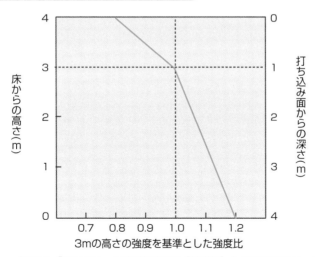

（参考：「コンクリート診断技術'09 ［基礎編］」日本コンクリート工学協会）

土木の生コン、建築の生コン

　生コンの**流動性**は、配合によって全く異なり、どのような生コンを使うかは、用途や条件をもとに決められます。材料の分離を生じにくくするために、生コンはできるだけ水を減らし、固い状態で用いるのが基本ですが、固い生コンは締め固め作業が不足すると充填不良が生じやすいため、空気を追い出すための作業を入念に行なう必要があります。[*5]

　土木構造物のコンクリートは、構造物の断面が大きく、充填しやすいことが多いため、比較的固い生コンが用いられる傾向があります。一方、マンションやオフィスビルなどの建築構造物のコンクリートは、ただでさえ薄い壁に、鉄筋だけでなく、**電気配管**なども埋め込まれるのが普通であるため、固い生コンを型枠の隅々まで行き渡らせるのは難しく、流動性の高い生コンが求められる傾向があります。

　なお、強度が高いコンクリートは、セメント量が多いことで生コンがモチモチしており、「巻き込んだ空気を除去しにくい」「コテ押さえが難しい」など、固い生コンとは別の意味での扱いにくさがあります。

COLUMN　土木のコンクリート、建築のコンクリート

　土木学会と建築学会には、それぞれ独自のコンクリートに関する仕様書（土木学会では示方書という）があります。土木と建築では、一般に部材の大きさに違いがあることから、採用される配合や施工方法にもおのずと違いがあります。ダムのコンクリートとビルのコンクリートが同様に扱えないのは明らかです。

　しかし、同じコンクリートである以上、共通する部分も少なからずあります。生コンの製造にあたって、各材料を練り混ぜるのは土木も建築も変わりがありませんし、生コンが固くなるまでの時間も土木と建築で大きく異なるわけではありません。

　現在建設業界では、土木と建築の区別が先にあり、用語や規定の表現方法も土木と建築で異なるものとなっています。その点規定を利用する側からすれば、内容が同じである場合には、表現も統一して欲しいところです。

　わかりやすい例を挙げると、土木では、練り混ぜに用いる各材料の割合のことを「配合」と呼び、建築ではこれを「調合」と呼んでいます。また、生コンの運搬時間の限度として、土木学会では「外気温が25℃を超えるとき、1.5時間」としているのに対し、建築学会では「外気温が25℃以上のとき、90分」と表現しています。これは内容からみたら同じといってもいいでしょう。

　なお、基本的に土木は実用性が要であり、一方建築は場合によっては実用性よりも意匠に力点が置かれることもあるため、一般的にコンクリートの品質に対する意識が高いのは、土木のようです。

＊5：建築でも　固い生コン　大前提　コンクリートは　コンクリート

土木の生コン、建築の生コン（1-5-3）

中に人が入って作業をしている

▲土木構造物の型枠

多量の電気配管が認められる

▲建築の型枠

固い生コンを打設するには、電気配管を埋め込まないようにすることも大切ですね

1-6

コンクリートの性質

コンクリートは石を固めてつくった人造石であり、石と共通の性質が少なくありません。一方、コンクリートには結合材であるセメントペーストに起因する、石にはない特有の性質もあります。ここではコンクリートの性質のうち、主に「強度」「変形性能」「体積変化」などについて説明します。

▶▶ コンクリートの強度

コンクリートは石と同様に、圧しつける力には強い抵抗力を発揮する（**圧縮強度が大きい**）一方、引っ張る力には弱く（**引張強度が小さい**）、また曲げる力にも弱い（**曲げ強度が小さい**）という性質があります。

「コンクリートの強度」というと、通常は圧縮強度を指します。引張強度はその1/10 〜 1/13程度、曲げ強度は1/5 〜 1/8程度です。圧縮強度に対する引張強度の割合は、強度が高いコンクリートほど小さくなる傾向があります。

一般的な構造物には、圧縮強度が24 〜 30N/mm^{2}程度のコンクリートが使われることが多いようですが、現在は優れた混和剤の開発によって高強度化が進み、現場の打設で100N/mm^{2}を超えるコンクリートも造ることができるようになっています。

なお、意外に思われるかもしれませんが、一般的な強度のコンクリートは、スギやブナなど木材の強度を下回っています（図1-6-1）。コンクリートは「入手しやすいこと」「安価であること」「成形が自在であること」「硬質であること」「燃えないこと」「腐らないこと」などの利点のために使われているのです。[6]

▶▶ 変形性能

コンクリートには鋼材のような粘りがなく、わずか0.01 〜 0.02%（1mに対し0.1 〜 0.2mm）程度しか伸びることができません。コンクリートは変形性能に乏しい、**ひび割れ**の生じやすい材料であることがわかります。

また、コンクリートは、荷重をかけ続けると徐々に変形が進みます（**クリープ**[*]）。強度試験における破壊荷重の80%程度の荷重でも、その荷重がかかり続けると、やがては破壊（クリープ破壊）に至ります（図1-6-2）。モルタル分が多いほど、強度が小さいほど、また、乾燥下にあるほど、クリープは進みやすい傾向があります。

＊6：思うほど　強くはなくて　その長所は　成型自在　燃えず腐らず

＊クリープ：荷重を与え続けた場合に、徐々に変形が進む現象。

コンクリートの強度（1-6-1）

コンクリート、木材、石材、鋼材の強度

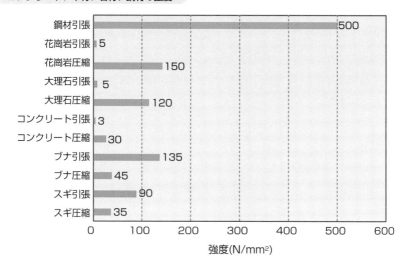

変形性能（1-6-2）

クリープによる破壊

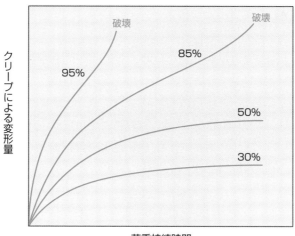

＊表中の数値は強度試験の破壊荷重に対する割合
（出典：『コンクリート技術の要点 '09』日本コンクリート工学協会）

▶▶ 体積変化

❶乾燥収縮

コンクリートには水を与えると膨張し、乾燥させると収縮する性質があります。乾燥させたときの収縮量は、セメントや練り混ぜに用いる水が多いほど大きくなる傾向があり、とくに練り水の量が大きく影響します（図1-6-3）。また、骨材の材質の影響もあるとされ、弾性係数 *が大きく硬質の場合は乾燥収縮量が小さくなる傾向があります。

❷自己収縮

セメントと水が化学反応すると、反応生成物の体積は、反応前のセメントと水の体積の合計よりも小さくなります。この体積減少を**自己収縮**といいます。自己収縮はとくにセメント量の多いコンクリート（高強度コンクリート）で大きくなります。

❸温度伸縮

コンクリートは1℃の温度上昇（降下）に対して、0.001%（1mに対し0.01mm）程度膨張（収縮）します。この体積変化の割合は鋼材とほぼ等しく、そのために鉄筋コンクリートは、温度変化があっても、鉄筋とコンクリートが一体となって挙動できます。

▶▶ ひび割れ

コンクリートに**ひび割れ**が生じやすいのは、上述のような**体積変化**があるにもかかわらず、変形性能が小さいためです。ひび割れの最大の原因はなんと言っても乾燥収縮です。とくに硬化初期は、水分が蒸発しやすいため、体積変化が大きい一方、引張強度はまだ十分ではないため、非常にひび割れが生じやすいといえます。

乾燥収縮以外のひび割れ原因としては、異常品質の材料の使用、温度伸縮、アルカリ骨材反応、塩害、凍害、過荷重 *などがあります。

なお、乾燥収縮に限らず、ひび割れの原因の多くは、コンクリート内外の水の出入りが関わるものです。したがって、入念に締め固め、湿潤養生を行なうことで、硬化組織を緻密にし、水の出入りを少なくすれば、コンクリートはひび割れの生じにくいものとなります。

＊弾性係数：ヤング率。物質の変形しやすさの指標。弾性係数が大きいほど変形しづらい。
＊過荷重：想定した荷重よりも大きな荷重がかかること。まだ強度発現が不十分な時に支保工を撤去することでも過荷重になる。

体積変化（1-6-3）

単位セメント量・水量と乾燥収縮

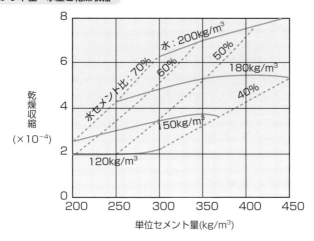

乾燥収縮
（×10⁻⁴）

単位セメント量(kg/m³)

（参考：「ACI Manual of concrete Inspection 4th ed」ACI）

ひび割れ（1-6-4）

乾燥収縮がひび割れの一番の
原因ですね

丈夫なコンクリート、
脆いコンクリート

　身の回りのコンクリートをあらためて見てみると、重厚感のある美しいものから、ひび割れだらけのものまで、さまざまな品質のものがあることがわかります。どうしてこのような品質差が生じるのでしょうか。ここでは丈夫なコンクリート、脆いコンクリートができる理由と、丈夫なコンクリートを造る方法、品質を確認するための方法について紹介します。

▶▶ コンクリートは硬くて丈夫？

　明治30年代に、北海道の小樽港防波堤築造のためにつくられたコンクリートブロック（図1-7-1左上写真）は、角部や表層部が波に洗われて丸みを帯びているものの、令和の今も健在です。一方、昭和の半ば以降に製造された同じ港内の消波ブロック（図1-7-1右下写真）は、バリバリにひび割れ、すでに崩壊が始まっています。

　コンクリートは普通「硬くて丈夫」と思われているようですが、必ずしもそうとは限りません。コンクリートの品質は、練り混ぜる材料の品質や配合、つくり方（施工法）によって大きく異なるものとなります。適正な材料を用いて正しくつくられたコンクリートは、確かに硬くて丈夫です。しかしそうでないコンクリートの中には、軽石のように脆いものさえあるのです。

▶▶ 丈夫なコンクリート、脆いコンクリート

　固くて丈夫なコンクリートと、ひび割れだらけのコンクリートの違いは何でしょうか。**小樽港防波堤**のコンクリートブロックは、密度を高めることを意識してつくられていました。すなわち、打設時は水分や空気を追い出すよう、蒸気を動力とした重機を用いてコンクリートの上面から入念な締め固め作業を行い（図1-7-2）、打設後は数週間に及ぶ養生を行なっていました。その結果、硬化組織が緻密なものとなり、耐久性の高いコンクリートになったのです。

　一方、昭和の半ば以降に製造された**消波ブロック**が、どのようにつくられたのかはよくわかりませんが、柔らかい生コンを型枠の中に流し込んだだけで、打設後の養生にもさほど注意が払われなかったことは容易に想像がつきます。それというの

コンクリートは硬くて丈夫？（1-7-1）

明治30年代につくられたコンクリートブロック

▲小樽港防波堤

コンクリートはつくり方がとても大切なんですね

▲小樽港消波ブロック

丈夫なコンクリート、脆いコンクリート①（1-7-2）

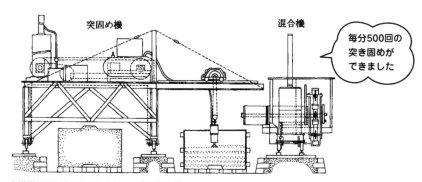

突固め機　　　混合機

毎分500回の突き固めができました

▲小樽港で用いられたコンクリート締め固め機

（出典：「コンクリートの長期耐久性」技法堂出版）

も、実は、現在のコンクリートは大部分が、そのようにつくられているからです。こうしたつくり方をしたコンクリートは、硬化組織の密度が小さい（緻密さに欠ける）ために、コンクリート中の水分が凍結・融解（膨張・収縮）を繰り返すといった厳しい環境下では長持ちしないのです。

　コンクリートの品質差は、一般に次に挙げる①**生コン配合**、②**打設方法**、③**養生方法**の違いによって生じます。

❶生コン配合による品質差

　コンクリートは生コンの配合次第で、品質が大きく異なるものとなります。水を多く練り混ぜて柔らかくした生コンでつくったコンクリートは、反応に不要な水を多量に含んでいるため、硬化後に乾燥状態にさらされたときの水の蒸発に伴う収縮量が大きく、また、セメントペーストの結合力が弱いため、ひび割れやすい傾向があります。

　私が考える、丈夫なコンクリートをつくるうえでの配合の基本は、「水を少なくすること」「砂利を多くすること」「スランプを小さくする（固いコンクリートを用いる）こと」の3つです。*7

❷打設方法による品質差

　コンクリートは型枠への詰め方によって、セメント水和結晶のでき方に大きな違いが生じます。入念に叩いたり突き固めたりして空気や水を追い出すようにすると、密度が高まり、骨材が強固に結合した丈夫なコンクリートとなります。*7 逆に、こうした作業が不足して、空気や水が多量に含まれていると、セメントペーストの結合力が弱くなり、ひび割れやすいコンクリートになります。

❸養生方法で生じる品質差

　硬化後間もないコンクリートからは、露出面から多量の水分が蒸発し続けています。これを放置すると、とくに露出面付近において水が不足することになり、水和結晶の成長が停止し、コンクリート本来の強固さを発揮することができなくなります。したがって、コンクリートを正しく硬化させるためには、水分の蒸発を防ぐための養生が不可欠です。養生を十分に行なうと、表層部にガラス質が構築され、水やガスが出入りしにくい**耐久性**に優れたコンクリートになります。*7

＊7：水減らし　硬化組織を　緻密にし　ガラスできれば　高耐久コン

丈夫なコンクリート、脆いコンクリート②（1-7-3）

配合とコンクリートの品質

水	できるだけ少なくする	水を少なくするほど、蒸発可能な水が減るため、乾燥収縮ひび割れが生じにくくなる
砂 利	できるだけ多くする	劣化はモルタル部分からはじまる。また、締め固め作業では、砂利を核として密実になるため、砂利を増やすほどコンクリートの耐久性が高まる
スランプ	できるだけ小さくする	スランプの小さい生コンほど、材料分離の少ない、均質なコンクリートになる

養生方法が密度・強度に与える影響

標準養生(20℃水中)　封かん養生　気中養生

	標準養生(20℃水中)	封かん養生	気中養生
脱型時（打設の翌日）の質量(g)	3786.4	3738.8	3732.4
打設後7日目の質量(g)	3803.2	3732.9	3665.7
質量の増減(g)	+16.8	−5.9	−66.7
打設後7日目の圧縮強度(N/mm²)	39.1	27.8	20.6

硬化初期はコンクリートが水を欲しがっているんですね

▶▶ 丈夫にできたかどうかの確認

　現在は、固まった後の建物のコンクリートの品質は検査されないのが普通です。硬化コンクリートの品質確認として行なわれているのは、打設時につくった試験体（テストピース）の強度試験だけです。実はこれは、コンクリートに品質差をもたらす「生コン配合」「打設方法」「養生方法」のうち、「生コン配合」についてのみ確認しているに過ぎません。

　品質確認の方法として私が提案しているのは、実体（構造物）から抜き取ったコンクリート（**コア**）について、密度*や強度を調べる方法です。これらの試験によって、**テストピース**の強度やコンクリートの外観からだけではわからない**実体コンクリート**の品質を知ることができます。

▶▶ 品質評価

　コンクリートは硬化組織が緻密であるほど、外部から水やガスが浸入しにくく、耐久性に優れているいえます。硬化組織が緻密であるほど密度が大きくなる傾向があるため、私は品質評価の際に一般的に重視されている強度だけでなく、密度（見かけ密度）も調べるようにしています。

　現在、密度に関する一般的な基準はとくに設けられていませんが、私は生コンの配合から求まる理論値を基準とすることを提案し、実際にそのようにして評価を行なっています。

▶▶ 耐久性

　コンクリートそのものは、酸やアルカリと接触するなど特殊な環境にない限り、100年や200年経過したところで性能が大きく低下することはありません。一方、コンクリート内部の鉄筋は、月日の経過とともにサビが進行して劣化します。したがって鉄筋コンクリートの**寿命**を考えるうえで重要なことは「鉄筋の錆びやすさ」ということになります。

　基本的にコンクリートの硬化組織が緻密であるほど、鉄筋を覆うコンクリートが厚いほど、水や酸素が供給されにくくなり、鉄筋は錆びづらくなります。*8 また、ひび割れがあると水や酸素が供給されやすくなることから、**耐久性**の高いコンクリートとするためには、ひび割れを生じさせないことも大切です。

＊密度：単位体積当たりの質量。コンクリートの場合は体積に空隙を含むため、正確には見かけ密度。
＊8：鉄筋の　腐食を防げ　コンクリの　密度高めて　半永久に

丈夫にできたかどうかの確認（1-7-4）

▲コアの抜き取り

▲抜き取ったコア

コンクリートの品質を支える3本柱

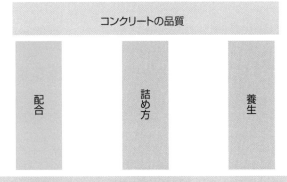

現在はコンクリートの品質を支える3本の柱のうち、配合しか確認していないんですね

Q ：コンクリートはひび割れるものなのですか？

A ：コンクリートはひび割れるもの——。そのように思い込んでいる建設関係者は少なくないようです。確かに現在一般的になっているコンクリートの造り方では、そのように言わざるを得ません。

しかし、それはあくまで「現在一般的になっている造り方では」ということであって、「ひび割れはコンクリートの性質である」というのとは違います。

ひび割れへのクレームに対し、ほとんどそれらしいひび割れ防止対策を講じていないにもかかわらず（実はコンクリートの性質が理解できていないため講じることができない）「コンクリートにひび割れはつきものです」と建設会社の担当者が説明しているのが実情です。

コンクリートは変形性能が小さい一方、乾燥収縮など体積変化が大きいことから、ひび割れやすいのは疑いのないことです。ただ、ひび割れが生じるのは、設計、生コン配合、打設、養生などにそれなりの原因があってのことです。

ひび割れるようにつくるからこそ、ひび割れるのです。

Q ：鉄筋コンクリートは何年持ちますか？

A ：鉄筋コンクリートの建物を建てたい——。そう思っている方には、その寿命は当然気になることだと思います。しかし同じコンクリートでも、品質はピンからキリまで非常に大きな差があるため、一概に何年もつと言うことはできません。このことは、建築学会の仕様書において、「短期」「標準」「長期」「超長期」といった、コンクリートの耐久性の区分が設けられていることからもうかがわれます。

水を多く用いた生コンを、型枠の中にただ流し込んだだけのような、密度の小さい（品質の悪い）コンクリートは、施工後何年もたたないうちにひび割れが多発し、鉄筋の腐食が進み、30年もすると使い物にならなくなるということもあります。その一方、水が少なく砂利が多い固い生コンを入念な打設によって型枠内に詰め込み、その後に湿潤養生を長期間行なったコンクリートは、硬化組織が緻密であり半永久の寿命があると私は思っています。

「鉄筋コンクリートは何年持つか」ではなく、まずは「何年持たせたいのか」ということを明確にし、それに合わせて工事の条件を決める必要があるのです。

コンクリートの材料

　コンクリートの材料は、セメント、水、砂、砂利、混和材料です。これらにはそれぞれ異なる役割があり、材料ごとに品質基準が定められています。

　本章では、品質の優れたコンクリートをつくるための基礎となる各材料の役割、性質などについて解説します。

2-1
コンクリートの材料

コンクリートは、接着剤（結合材）の役割を果たすセメントペースト（セメント、水）、骨格をつくる骨材（砂、砂利）、さまざまな性能を付与する混和材料からなっています。ここでは各材料の役割と、生コン工場への納入方法などについて簡単に紹介します。

▶▶ セメント

セメントはコンクリートの主原料です。水と混ぜ合わせてできる**セメントペースト**は、時間の経過に伴い、化学反応により徐々に固まります。

セメントの荷姿には、袋入りとバラ（粉末）があります。生コン工場には通常、バラ車（粉粒体運搬車）によって、バラセメントが納入されています。

▶▶ 水

セメントは水と化学反応することで固まるため、**水**はセメントと並びコンクリートの硬化に不可欠な材料です。

生コンの練り水としては、上水道水、工業用水、井戸水、河川水、地下水、回収水（ミキサ車や工場にある練り混ぜ用のミキサを洗浄した後の水）などが用いられています。

▶▶ 骨材

コンクリートにおける**骨材**の役割は、「骨格を形成する」「耐久性を向上させる」（砂利）「高価なセメントを減量する（増量材）」などです。良質な骨材をバランスよく混合することで、耐久的なコンクリートを安価につくることができます。ただ、現在は品質の優れた骨材だけを使用できる状況にはありません。品質の劣る骨材の活用方法を考えることも急務の課題です。

生コン工場への納入には、船やトラックが用いられています。注意して見てみると、生コン工場へ向かうトラックが結構走っていることに気づくはずです。

▶▶ 混和材料

混和材料とは、コンクリートの各種性能を改善するために使用する、セメント、水、骨材以外の材料のことです。慣用的にセメント質量の3～5%程度以上のものを**混**

生コン工場への納入 (2-1-1)

セメントを運ぶ

▲セメントバラ車

骨材を運ぶ

▲ダンプトラック

混和剤を運ぶ

▲タンクローリー

和材（粉体）、1%程度以下の薬品的な用いられ方をするものを**混和剤**（主に液体）と呼んで区別しています。

　混和材は、水密性や化学抵抗性の改善などを目的に用いられる粉体の材料です。**高炉スラグ**[*]や**フライアッシュ**[*]など、産業廃棄物を有効活用したものが多くなっています。生コン工場には主にバラ車で納入されています。

　混和剤は、「生コンの流動性を増し、施工性を高める（減水剤）」「生コン中に微細な空気を混入させ、耐凍害性を向上させる（AE剤）」などといったさまざまな作用のあるものが開発、活用されています。20%を超える大幅な減水効果があり、なおかつスランプの急速な低下を生じさせない**高性能AE減水剤**は、現場において高強度コンクリートをつくるためには欠かせないもので、近年とくに需要が高まっています。混和剤は主に液体状の薬品で、生コン工場へはタンクローリーやドラム缶などで納入されています。

COLUMN　配合報告書どおりではない生コンもある？

　コンクリートは、よほどおかしな材料を使わない限り、固まらないことはありません。そうしたこともあり、実は配合報告書に記載されているものとは別の材料が使用されていることがあります。

　一時期話題になった溶融スラグの使用はその一例で、神奈川県のある生コン工場が、JISで使用が認められていない、溶融スラグをごみ焼却場から調達し、砂の一部として使用していたことが明らかになり、社会的な問題となりました。

　その他、セメントの一部を、セメントより安価な高炉スラグで置き換えたり、外国産のセメントを国産のセメントと偽って使用したりということもあるようです。高炉スラグや外国産のセメントは、それ自体使用が認められていないものではありませんが、購入者に対し、実態とは異なる内容を伝えることは問題です。

　ところで、購入者はどうすれば品質の良い生コンを入手できるでしょうか？　最も重要なことは、適正な価格で生コンを購入することです。ごまかしを容認すべきであるとは思いませんが、生コン工場も好き好んで材料をごまかすわけではなく、半ば安値での販売を強要されている中では、自衛策として「ごまかさざるを得ない場合もある」のです。生コン工場に足を運び、材料の保管状態や、設備の管理状況を確認することも大切です。試験練りで骨材をもらっておき、打設の際に生コンから洗い出した骨材と比較するようにすれば、少なくとも骨材については、おかしな材料を使用していればすぐに分かるはずです。

＊高炉スラグ：鉄鉱石を溶融して鉄と鉄以外の成分に分離した際の鉄以外の成分。2-8節参照。

＊フライアッシュ：火力発電所などの微粉炭燃焼ボイラーから出る廃ガスに含まれている微粉粒子。2-8節参照。

コンクリートの材料（2-1-2）

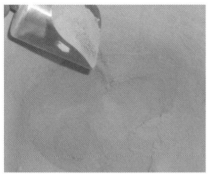

▲セメント

▲混和剤

▲骨材（砂）

▲骨材（砂利）

砂や砂利は粒の大きさのバランス（粒度分布）をよくするために、数種類を混合して使うこともあります

第2章　コンクリートの材料

2-2

セメントの性質

セメントは石灰石を主原料とし、粘土や鉄分などを加え焼成したもので、含まれる化学成分の割合によって性質が異なります。ここでは主に、現在最も広く使われている「ポルトランドセメント」について、製造方法や特徴などを説明します。

▶▶ セメントとは？

「セメント（cement）」という言葉は、ラテン語で砕石（さいせき）を意味するcaementumに由来すると言われています。広義にはアスファルト、膠（にかわ）、樹脂＊、石膏＊（せっこう）、石灰や、これらを組み合わせた接着剤全般を指していますが、普通「セメント」といった場合は、ポルトランドセメントなど、コンクリートの材料としてのセメントを意味します。本書でもとくに断りがない限り、コンクリート材料のセメントの意味で用いています。

▶▶ ポルトランドセメント

ポルトランドセメントとは、現在我が国のセメント生産量の3/4を占める代表的なセメントです。1824年イギリスのレンガ職人だったアスプジン（Joseph A. Aspdin）がセメント製造法の特許を取得した時の名称がこの「ポルトランドセメント」で、硬化後の外観などがイギリスのポートランド島産の石灰岩に似ていることにちなんで名づけられたそうです。

ポルトランドセメントの製造工程は次の通りです。まず石灰石（炭酸カルシウム）、粘土（ねんど）、珪石（けいせき）、酸化鉄原料などを混ぜ合わせて粉砕したものを、ロータリーキルンという回転窯の中に入れます。次に、回転窯をゆっくり回転させながら1,450℃以上の高温で焼成して、黒い石ころ状のもの（**クリンカ**）としたのち冷却します。このクリンカに**石膏**を加えて粉砕機で微粉砕すれば完成です。なお、石膏は反応速度が著しく大きいアルミニウム化合物の反応を抑制するために添加されています。

高温で焼いているため、製造後間もないセメントは温度が高く、生コン工場納入時も場合によっては100℃程度の高温であることがあります。温度の高いセメントを練り混ぜに用いると生コン温度が高くなるため、とくに生コン温度を下げたい夏場に高温のセメントを使用するのは望ましいことではありません。

セメントに含まれる金属元素は、カルシウム、アルミニウム、ケイ素、鉄などで、

＊樹脂：ここではエポキシ等、石油を原料に化学的に合成された樹脂のこと。

＊石膏：焼石膏は水と反応すると、石膏を生成し硬化する。骨折の際に固定に用いるギプスとは石膏のこと。

セメントとは？（2-2-1）

セメントの原料と成分

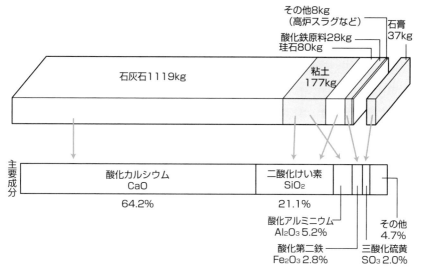

（参考：「セメントの常識」セメント協会）

ポルトランドセメント（2-2-2）

セメントの製造から出荷までの工程

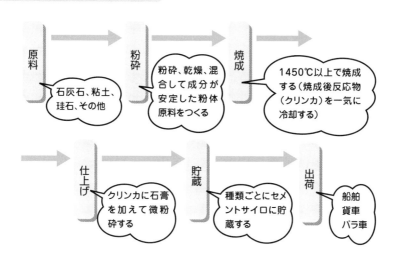

カルシウムは石灰石から、アルミニウムは粘土から、ケイ素は珪石から、鉄は酸化鉄原料から得ています。

セメントの化学成分

セメントに含まれる元素は、量の多い順に、カルシウム（Ca）、酸素（O）、珪素（Si）、アルミニウム（Al）、鉄（Fe）、硫黄（S）です。その他の元素は、合わせても2%にもなりません。

セメントを構成する成分は、量の多い順に、酸化カルシウム（CaO）、二酸化珪素（SiO_2）、酸化アルミニウム（Al_2O_3）、酸化第二鉄（Fe_2O_3）、無水硫酸（SO_3）、酸化マグネシウム（MgO）で、これらが高温での焼成により複雑に結合しています。

主要化合物は、**珪酸三カルシウム**（$3CaO \cdot SiO_2$）、**珪酸二カルシウム**（$2CaO \cdot SiO_2$）、**アルミン酸三カルシウム**（$3CaO \cdot Al_2O_3$）、**鉄アルミン酸四カルシウム**（$4CaO \cdot Al_2O_3 \cdot Fe_2O_3$）で、いずれも水と反応しますが、反応速度や強度、化学抵抗性などの性質が異なります（図2-2-3、2-2-4）。

セメントの反応

セメントはその質量の約25%の水と化学的に結合するとともに、15%の水を吸着（ゲル水）します。合わせてセメント質量の40%の水と結合（または吸着）するわけです。[*9] 一方、生コンの製造では、通常セメント質量の50〜60%の水が練り混ぜられています。生コン中には、後に空隙になる「硬化に不要な水」が多量に存在していることになります。

セメントは温度が高くなるほど、反応速度が速くなり、早く固まります。一方－2℃で凍結し、－10℃を下回ると完全に反応が停止するといわれています。高温下で固まるほど結晶が粗くなるため、長期的な強度は低温下で固まったものの方が大きくなります。凍結すると品質が著しく低下するため、硬化組織が緻密な品質の優れたセメント（コンクリート）とするためには、凍結しない範囲でなるべく低い温度で反応させるのが望ましいことになります。

20℃程度の場合、反応開始後1日以内では、セメント中の化合物のうち、主にC_3AとC_4AFが反応します。C_3Sの反応はやや遅れて3〜7日目くらいの間がとくに活発で、28日くらいまで穏やかに続きます。C_2Sの反応は7日目くらいから穏やかに始まり、主に28日以降の強度の増進に寄与します。[*9] 長期的な強度は、主にC_3S

＊9：セメントの　40%（パー）の　質量の　水とゆっくり　じっくり反応

セメントの化学成分（2-2-3）

セメントの構成成分

セメント種類		強熱減量	不溶残分	SiO₂	Al₂O₃	Fe₂O₃	CaO	MgO	SO₃	Na₂O	K₂O	TiO₂	P₂O₅	MnO	Cl
ポルトランドセメント	普通	1.78	0.17	21.06	5.15	2.80	64.17	1.46	2.02	0.28	0.42	0.26	0.17	0.08	0.006
	早強	1.18	0.10	20.43	4.83	2.68	65.24	1.31	2.95	0.22	0.38	0.25	0.16	0.07	0.005
	中庸熱	0.37	0.13	22.97	3.87	4.07	64.10	1.33	2.03	0.23	0.41	0.17	0.06	0.02	0.002
	低熱	0.97	0.05	26.29	2.66	2.55	63.54	0.92	2.32	0.13	0.35	0.14	0.09	0.06	0.003
高炉セメントB種		1.51	0.21	25.29	8.46	1.92	55.81	3.02	2.04	0.25	0.39	0.43	0.12	0.17	0.005
フライアッシュB種		1.91	13.37	18.76	4.48	2.56	55.28	0.82	1.84	0.11	0.30	0.23	0.12	0.05	0.003
普通エコセメント		1.05	0.12	16.95	7.96	4.40	61.04	1.84	3.86	0.28	0.02	0.71	1.11	0.11	0.053

＊JIS R 5202による主なセメントの化学分析結果例
（参考：「セメントの常識」セメント協会）

セメントを構成する主要化合物

化合物名		略 記	別 名
珪酸三カルシウム	3CaO・SiO₂	C₃S	珪酸三石灰
珪酸二カルシウム	2CaO・SiO₂	C₂S	珪酸二石灰
アルミン酸三カルシウム	3CaO・Al₂O₃	C₃A	アルミン酸三石灰
鉄アルミン酸四カルシウム	4CaO・Al₂O₃・Fe₂O₃	C₄AF	鉄アルミン酸四石灰

セメントの反応（2-2-4）

主要化合物の特性

略号	特 性				
	水和反応速度	強 度	水和熱	収縮	化学抵抗性
C₃A	非常に速い	1日以内の早期	大	大	小
C₃S	比較的速い	28日以内の早期	中	中	中
C₂S	遅 い	28日以後の長期	小	小	大
C₄AF	かなり速い	強度にほとんど寄与しない	小	小	中

とC₂Sの反応生成物によるものです。なお、C₃SとC₂Sは水と反応する際に水酸化カルシウムを生成するため、コンクリートはpH12 〜 13の強いアルカリ性を示します。

▶▶ セメントの風化

　セメントは、空気中のわずかな水分とも反応して**水酸化カルシウム**を生成します。水酸化カルシウムは、さらに二酸化炭素と反応して**炭酸カルシウム**を生成します。

　外気との遮断が不十分な場合、これらの反応にともないセメントは徐々に固化し、品質の劣るものとなります。このような劣化を「**風化**」と呼びます。風化したセメントを用いると、所要の強度が得られなくなることもあるため、セメントを保存する際は、外気に触れないように密封することが肝要です。

　風化の進み具合は、通常セメントを950±25℃で加熱したときに減少する質量（**強熱減量**）で評価しますが（風化が進んでいるものほど、質量の減少量が大きくなる）、簡易的に、セメントを手で素早く握ったときの塊のでき方から確認することもできます。新鮮なセメントは液体のように指の間から逃げて行く一方、風化の進んだセメントは手で握ったときに塊になります（図2-2-5）。また、新鮮なセメントは熱を持っているため、基本的に入荷時に温かいセメントは新鮮であるとみなすことができます。

COLUMN　セメントにも使用期限がある

　一般的に、時間の経過に伴って質が低下するものには、使用期限が設けられるのが普通です。セメントも風化によって品質が低下するので、本来は使用期限が定められていてしかるべきです。しかし現実には、セメントには使用期限は設けられておらず、製造日が記載されることもありません。

　したがって、袋入りのセメントをホームセンターなどで購入する際には、風化したセメントを購入することがないよう注意する必要があります。風化の進みやすい袋の隅が柔らかければ、基本的に問題ありません。

　一度開封したセメントは、なるべく使い切るようにし、もし残ってしまった場合は、密封できる袋に移し替えると、風化を遅らせることができます。袋を開けたせんべいが湿気らないようにするのと同じ配慮が必要なわけです。

　なお、強度に対する要求がそれほど厳しくない場合は、一見固まったように見えるセメントでも使用できることがあります。空気中の水分と反応した程度であれば、セメント中に未反応のものが多く残っているからです。ただし、表面は既に反応してしまっているので、固まったものをハンマーなどで粉々に砕き、未反応の部分を表面化させる必要があります。

セメントの風化（2-2-5）

風化における主な化学反応

$$CaO \quad + \quad H_2O \quad \longrightarrow \quad Ca(OH)_2$$

酸化カルシウム　　　　水　　　　　　　　水酸化カルシウム

$$Ca(OH)_2 \quad + \quad CO_2 \quad \longrightarrow \quad CaCO_3 \quad + \quad H_2O$$

水酸化カルシウム　　　　二酸化炭素　　　　炭酸カルシウム　　　　水

握っても塊に
ならない

▲新鮮な（風化していない）セメント

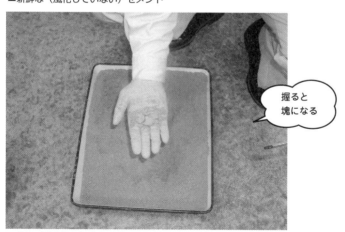

握ると
塊になる

▲古い（風化した）セメント

2-3

セメントの歴史

　セメントは現代社会を構築した陰の功労者です。現代の社会資本の多くはコンクリート抜きには考えられず、コンクリートはセメントあってのものだからです。セメントの起源を探ると、紀元前5000年ごろまで遡ることができます。ここではセメントの歴史をたどってみることにします。

▶▶ 気硬性セメントと水硬性セメント

　「セメント」という言葉は、一般にはコンクリートの材料として使われている**ポルトランドセメント**などを指しますが、先にも述べたとおり、広義には**石膏**や**石灰**なども指します。

　これら広義の石灰系のセメントは、空気中でのみ固まる**気硬性**のものと、水中でも固まる**水硬性**のものの2種類に分けることができます。気硬性のセメントの代表は石灰や石膏で、これらは硬化後も水中で使用することはできません。一方、水硬性のセメントは、水硬性石灰や一般に「セメント」と呼ばれている狭義のセメントで、耐水性があります。

▶▶ セメントの歴史

　セメントの歴史は古く、紀元前5000年ごろまで遡ることができます。実はエジプトのピラミッドにも、その原型ともいえる材料が使われています。それは**石膏**です。石膏は硫酸カルシウムの二水和物の結晶ですが、加熱処理したものに水を加えると固まる性質があります。焼いて水分を放出させた**焼石膏**と砂を混ぜた**モルタル**が、石材をつなぎ合わせる目地としてピラミッドに使用されているそうです。

　時代が下り、紀元前2000年ごろのギリシャ時代には、**石灰石**を焼いてつくった**消石灰**がセメントとして使われていたようです。古代ギリシャの遺跡や遺物からは、消石灰と火山灰を混ぜ（水硬性石灰）てつくったモルタルや水鉢などの器物が発見されています。

　紀元前200年ごろのローマ時代になると、石灰石を焼く本式の**石灰窯**が使われるようになりました。当時、消石灰と火山灰を混ぜて作られたセメントには、耐火性があり、水中工事にも使えることが知られていたようです。古代ローマ人は、このよう

セメントの歴史① (2-3-1)

世界のセメントの歴史（近代）

年		近代までの出来事
1756年	宝暦6年	J.Smeaton 水硬性セメントの起源となる水硬性石灰を発明
1796年	寛政8年	J.Parker 天然セメント（後のローマンセメント）を発明、特許取得
1818年	文政元年	L.J.Vicat 石灰石と粘土を微粉砕して混合し、焼成して高級ローマンセメントを得る
1824年	文政7年	J.Aspdin ポルトランドセメントを発明
1825年	文政8年	イギリスでポルトランドセメントの製造開始
1844年	弘化元年	I.C.Johnson 焼成温度を上昇させることでポルトランドセメントの品質改善がなされ、ローマンセメントを駆逐する
1848年	嘉永元年	フランスでポルトランドセメントの製造開始
1852年	嘉永5年	ドイツでポルトランドセメントの製造開始
1867年	慶応3年	J.Monier 鉄筋コンクリートを発明
1871年	明治4年	アメリカでポルトランドセメントの製造開始
1871年	明治4年	焼成用のトンネル窯の特許取得
1877年	明治10年	ドイツで世界最初のセメント規格制定
1882年	明治15年	高炉セメントの発明
1890年	明治23年	P.I.Giron 石膏を凝結時間調整用に使用することを発見
1908年	明治41年	アルミナセメントの発明
1924年	大正13年	早強型ポルトランドセメントの製造開始

（参考：「わかりやすいセメントとコンクリートの知識」鹿島出版会）

▲ローマンコンクリートで造られたパンテオン

The Pantheon in Rome, Italy
Keith Yahl - Original Photography

第2章 コンクリートの材料

なセメントに砂やレンガ屑を混ぜ合わせたモルタルやコンクリートを工事に使っていました。古代ローマ時代のコンクリート（ローマンコンクリート）で造られた構造物の一つであるパンテオンは、建設後約2000年が経過した現在も当時の姿をとどめており、その優れた耐久性については研究者の注目を集めています。[*10]

　なお、ローマ帝国滅亡後、ローマンコンクリートの技術は途絶え、中世においてはコンクリートが用いられることはありませんでした。

　18世紀に産業革命を迎えると、水中工事に耐え得る建材が求められるようになったことが契機となり、スミートン（J. Smeaton）により水硬性石灰が発明され、さらに19世紀になると、石灰に粘土を加えて焼くことで、強度が高く、水中でも使用することのできるセメントが得られることが明らかになりました。これが現在のポルトランドセメントの直接の起源になります。[*11]

▶▶ わが国におけるセメント生産の歴史

　わが国では、江戸幕府が横須賀製鉄所を建設するにあたり、元治から慶応の初期（1865年ごろ）に、初めてセメントが使用されたといわれています。本格的にセメントが用いられるようになったのは、明治時代に入ってからのことです。

　国内産のセメントが求められるようになる契機は、明治4年に訪れました。当時、横須賀造船所第二ドック築造工事における責任者だった平岡通義は、輸入セメント（フランス製）の代金に莫大な金額を支払っていることに驚き、国内でのセメント生産の必要性を訴えたのでした。国家事業としてセメント製造に取り組むべきという平岡の提案は直ちに受け入れられ、平岡自ら研究に取り組んだということです。

　この研究の成果として、明治8年には使用に耐える国産セメントが初めて製造され、以後、生産量は増加の一途をたどりました。とくに明治24年の濃尾大地震で、セメントを用いた構造物の強固さが認識されると、需要は急速に伸びました。明治36年にはアメリカから新式の窯が輸入され、大量生産が可能になるとともに品質に著しい向上が認められました。

　その後、第一次世界大戦（大正3〜7年）、関東大震災（大正12年）を経て、昭和11年には、国内のセメント会社は28を数え、生産量は世界第3位になっていました。第二次大戦で大きく低下した生産量も、戦後復興、高度経済成長期と右肩上がりで増え続け、ピーク時の年間生産量は1億t。公共事業の減少に伴い、2019年の生産量は6千万t程度です。

＊10：パンテオン　ローマ時代に　造られて　今なお残る　およそ2000年
＊11：セメントの　硬化の秘密　それは粘土　明らかになり　技術発展

わが国におけるセメント生産の歴史（2-3-2）

年		近代までの出来事
1865年	慶応元年	セメントの輸入及び使用開始
1868年	明治元年	ポルトランドセメント輸入
1871年	明治4年	横須賀造船所第二ドック築造工事着工、多量のセメントが必要であったことから、政府内にセメント工場建設の気運高まる
1873年	明治6年	大蔵省土木寮建設局がわが国で最初のセメント工場を東京深川に設立
1875年	明治8年	化学技師宇都宮三郎の指導によりポルトランドセメントの製造に成功
1881年	明治14年	山口県にわが国最初の民営セメント会社（小野田セメント）設立
1883年	明治16年	深川の工場を民営化する（浅野セメント）
1886年	明治19年	セメントの輸出開始
1891年	明治24年	濃尾大地震によりセメント構造物の堅牢さが実証される
1894年	明治27年	セメントに関するドイツの規格が紹介される
1900年	明治33年	日本ポルトランドセメント業技術協会設立
1903年	明治36年	回転式の焼成窯をアメリカから輸入、これにより品質が改善され生産量も増大した
1905年	明治38年	わが国初のセメント規格「日本ポルトランドセメント試験方法」制定
1913年	大正2年	旧八幡製鉄所で高炉セメントの製造開始

（参考：「コンクリートの歴史」山海堂）

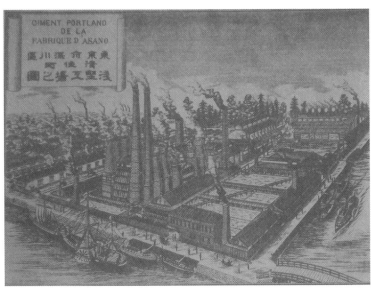

▲明治23年当時のセメント工場全景

（セメント工業発祥の地にある記念の説明板より）

セメントの種類

セメントに要求される性能が多様化し、また廃棄物の有効利用が求められている現在、さまざまな材料を用いた、さまざまな性質のセメントが製造されています。ここでは、多様化したセメントの中から、その代表的なものについて説明します。

▶▶ ポルトランドセメントの種類

ポルトランドセメントの種類としては、一般的に用いられる**普通ポルトランドセメント**の他に、強度発現を早めたい場合に用いられる**早強ポルトランドセメント**、ダムなど一度に多量の生コンを打ち込む場合に、発熱量を抑制するために用いられる**中庸熱ポルトランドセメント・低熱ポルトランドセメント**、海水や下水など硫酸塩と接触するおそれがある場合に、硫酸塩との化学反応を生じにくくするために用いられる**耐硫酸塩ポルトランドセメント**、顔料を加えることで任意の色に着色しやすくする**白色ポルトランドセメント**といったものがあります。

▶▶ 混合セメント（混合材による区分）

普通ポルトランドセメントには、5%までであれば、高炉スラグ、シリカ質混合材、フライアッシュ、炭酸カルシウムを含むセメント製造用石灰石を混合してもよいことになっています。

5%を超えて混合材で置き換えたものは**混合セメント**と呼ばれます。混合セメントには、**高炉セメント**、**シリカセメント**、**フライアッシュセメント**があります。これらは、クリンカと石膏に混合材を加えて混合粉砕するか、粉砕したものを後から混合することによって製造されます。各種混合セメントの特徴は以下のとおりです。

❶高炉セメント

混合材として高炉スラグを用いたものを**高炉セメント**と呼びます。高炉スラグの混合率により、A種（5を超え30%以下）、B種（30を超え60%以下）、C種（60を超え70%以下）に区分されます。

高炉スラグには、アルカリ刺激によって徐々に固まる性質（**潜在水硬性**）があります。使用されることの多いB種はBlast-furnace（高炉）のB種ということで

BBと呼ばれ、とくに土木工事で広く用いられています。

養生をしっかり行なった場合、**化学抵抗性**や**水密性**に優れたものとなり、アルカリ骨材反応も抑制します。

❷フライアッシュセメント

混合材としてフライアッシュを用いたものをフライアッシュセメントと呼びます。フライアッシュの混合率により、A種（5を超え10%以下）、B種（10を超え20%以下）、C種（20を超え30%以下）に区分されます。

フライアッシュはセメントの水和で生じる水酸化カルシウムと反応し、不溶性の化合物をつくります（**ポゾラン反応**）。十分な湿潤養生を行なうと、ポゾラン反応により、長期材齢の強度、水密性、化学抵抗性に優れたコンクリートとなります。

ポルトランドセメントの種類（2-4-1）

種類	特徴	用途
普通ポルトランドセメント	一般的なセメント	一般のコンクリート工事
早強ポルトランドセメント	普通セメントより強度発現が早い 低温でも強度を発揮する	緊急工事、冬季工事 コンクリート製品
超早強ポルトランドセメント	早強セメントよりさらに強度発現が早い 低温でも強度を発揮する	緊急工事、冬季工事
中庸熱ポルトランドセメント	水和熱が小さい 乾燥収縮が小さい	マスコンクリート 遮蔽コンクリート 高強度コンクリート
低熱ポルトランドセメント	初期強度は小さいが、長期強度が大きい 水和熱が小さい 乾燥収縮が小さい	マスコンクリート 高流動コンクリート 高強度コンクリート
耐硫酸塩ポルトランドセメント	硫酸塩を含む海水、土壌、地下水、下水などに対する抵抗性が大きい	硫酸塩の浸食作用を受けるコンクリート
白色ポルトランドセメント	白色　着色コンクリート工事 顔料を用い着色できる	建築用コンクリート工事 コンクリート製品

混合セメント（混合材による区分）①（2-4-2）

混合セメントの特徴と用途

種類	特徴	用途
高炉セメント	初期強度は小さいが、長期強度は大きい 化学抵抗性が大きい／水密性が大きい 耐熱性が大きい／アルカリ骨材反応抑制効果がある	マスコンクリート 海水・硫酸塩・熱の作用を受けるコンクリート 土中・地下構造物のコンクリート
フライアッシュセメント	ワーカビリティがよい／長期強度が大きい 乾燥収縮が小さい／水和熱が小さい 化学抵抗性が大きい／水密性が大きい アルカリ骨材反応抑制効果がある	普通セメントと同様の工事 マスコンクリート 水中コンクリート

❸シリカセメント

混合材として珪酸白土など天然のシリカ[※]質を用いたものを**シリカセメント**と呼びます。シリカ質混合材の混合率によりA種（5を超え10%以下）、B種（10を超え20%以下）、C種（20を超え30%以下）に区分されます。

フライアッシュセメントと同様ポゾラン反応により硬化します。主に**オートクレーブ養生**[※]を行なうコンクリート製品に使用されています。

ところで、我が国のセメントの総使用量に対する混合セメントの使用量は1/4程度に過ぎません。一方、世界に目を向けると、総使用量の半分以上が混合セメントです。混合セメントは産業廃棄物を有効利用するなど、製造時の二酸化炭素排出量

COLUMN　これからのセメント

　現在我が国では、土木工事でこそ高炉セメントB種の使用が標準的になっていますが、建築工事では用いられるセメントのほとんどが普通ポルトランドセメントです。以前は高炉セメントが安かったため、建築工事の基礎などにも用いられていました。しかし、価格面での優位性がなくなり、現在建築ではほとんど使われなくなってしまっています。

　我が国のセメント生産におけるエネルギー効率は世界最高水準にあります。一方、省エネをさらに推進していくためには、これまでとは異なるアプローチが必要です。その一つとして混合セメントの利用拡大は不可欠とも言えます。なにしろ混合セメントは普通ポルトランドセメントと比べ、エネルギー起源二酸化炭素[※]排出原単位を40%程度小さくできるとも言われているほどだからです。また、高炉セメント、フライアッシュセメントの原料である、高炉スラグ、フライアッシュは製鉄所、石炭火力発電所から出る産業廃棄物です。産業廃棄物の有効利用の観点からも利用の促進が求められています。

　ところで、現在ヨーロッパでは、セメントに強度区分が設けられています。我が国のセメントには強度区分はなく、ヨーロッパの最も高い強度区分に該当するものだけがつくられています。強度が高くて結構なことのようにも思われます。しかし、強度の高いセメントで低い強度のコンクリートを造ろうとすると、水セメント比が大きくなり、耐久性が低下するという問題があります。私は水セメント比を50%以下にすることを提案していますが、水セメント比を50%以下にするためには、呼び強度を36まで上げなければならないこともよくあります。設計強度が24の建物に、呼び強度36はなかなか使ってもらえません。

　混合セメントの普及、セメントの強度区分の採用などは世界的な流れでもあり、今後我が国でも積極的な取り組みが求められています。

※シリカ：二酸化ケイ素、または二酸化ケイ素によって構成される物質の総称。

※オートクレーブ養生：高温高圧（180〜190℃、10〜11気圧）の飽和蒸気による養生のことで、軽量気泡コンクリート板などの、コンクリート製品の製造の際に行なわれる。工場製品の早期出荷が可能となる。

混合セメント（混合材による区分）②（2-4-3）

欧州のセメントと日本のセメント

セメントの欧州規格（EN197-1:2000）での強さに基づく分類

強さクラス	圧縮強さ（Mpa）			
	初期強さ		標準強さ	
	2日	7日	28日	
32.5N	-	≧ 16.0	≧ 32.5	≦ 52.5
32.5R	≧ 10.0	-	≧ 32.5	≦ 52.5
42.5N	≧ 10.0	-	≧ 42.5	≦ 62.5
42.5R	≧ 20.0	-	≧ 42.5	≦ 62.5
52.5N	≧ 20.0	-	≧ 52.5	
52.5R	≧ 30.0	-		

EU15ヶ国でのセメント種類別生産量 [10^3t]

強度クラス		32.5	42.5	52.5	比率
セメントの種類	CEM I	16.274	34.012	10.598	40.3%
	CEM II	51.386	16.012	1.359	45.5%
	CEM III	6.152	4.702	8	7.2%
	CEM IV	9.509	366		6.5%
	CEM V	701			0.5%
合計		83.995	55.902	11.965	
比率		55.6%	36.5%	7.9%	100%

CEM I　ポルトランドセメント
CEM II　ポルトランドセメント＋各種混合材
CEM III　高炉セメント
CEM IV　ポゾランセメント
CEM V　複合セメント

EUでは強度の高いセメントは8%程度

日本のセメントの位置づけ

JIS規格品種	生産比率（2006年）	相当EN197-1規格	
		品種	強度クラス
普通ポルトランドセメント	72.3%	CEM I	52.5
早強ポルトランドセメント	4.4%	CEM I	52.5R
中庸熱ポルトランドセメント	-	CEM I	42.5
低熱セメント	-	CEM I	42.5 32.5
B種高炉セメント	21.0%	CEM III	42.5
C種高炉セメント	-	CEM III	32.5
A種フライアッシュセメント	0.2%	CEM II	52.5

日本では強度の高いセメントは80%弱。EUに比べ強度の高いセメントの使用比率が非常に高いことが分かります

（参考：山岸千丈；強度の高いセメントは良いセメントか，技術革新と社会変革，第1巻，第1号，pp.21-32（2008））

※エネルギー起源二酸化炭素：セメントを製造する際には、高温での焼成工程があるが、高温を得るための燃料焼成時に発生する二酸化炭素。他に原料である石灰石の分解に伴う二酸化炭素の排出もある。

を低く抑えることができることから、今後我が国においてもより積極的な活用が求められます。

▶▶ 硬化の速さによる区分

　工事を急ぐ場合など、通常よりも早くコンクリートを硬化させたいときには**早強セメント**、**超早強セメント**が用いられます。普通セメントの7日強度が、早強セメントを用いれば3日で、超早強セメントを用いれば1日で得られます。

　こうした早強性は、主要化合物の割合やセメント粒子の細かさを調整することにより実現しています。基本的に粒子が細かいほど水との接触面積が増加するため、水和反応は速くなります。粒子の細かさは、単位質量当たりの表面積（**ブレーン値**）で表わされ、早強性のあるセメントはブレーン値の大きい粒子の細かいものとなります。

　主要化合物自体が異なり、ポルトランドセメントではありませんが、普通セメントの4週強度に近いような強度をわずか数時間で実現できる**超速硬セメント**と呼ばれるようなものもあります。これは鉄道や道路の補修工事など、とくに早期の強度発現が必要な工事で使われています。なお、超速硬セメントを用いたコンクリートは極めて硬化が速いため、通常の生コンのように生コン工場で練り混ぜ、ミキサ車で運搬するのは困難です。したがって、その打設においては普通移動式プラントが用いられています。

▶▶ エコセメント

　エコセメントは都市ゴミ焼却灰を主原料としたセメントで（図2-4-4）、2002年に新たにJISの規格が設けられました。JISでは、エコセメントを「都市ゴミを焼却した際に発生する灰を主とし、必要に応じて下水汚泥などの廃棄物を従としてエコセメントクリンカの主原料に用い、製品1tにつきこれらの廃棄物を乾燥ベースで500kg以上使用してつくられるセメント」と定義しています。

　エコセメントには、**普通エコセメント**と**速硬エコセメント**の2種類があります。普通エコセメントの性質は普通ポルトランドセメントに類似していますが、塩化物イオンが多く含まれているため、高強度の鉄筋コンクリートには使用できない、などの制約があります。速硬エコセメントにはその名のとおり速硬性があります。普通エコセメントよりもさらに多くの塩化物イオンが含まれているため、鉄筋コンクリートには使用できません。

硬化の速さによる区分（2-4-4）

セメントの種類と硬化の速さ

セメントの種類		粉末度	圧縮強度(N/mm²)				
		比表面積(cm²/g)	1日	3日	7日	28日	91日
ポルトランドセメント	普通	3410	−	28.0	43.1	61.3	−
	早強	4680	27.7	47.5	56.6	67.9	−
	中庸熱	3220	−	21.6	30.3	56.8	−
	低熱	3470	−	16.2	25.3	49.0	79.1
高炉セメント	B種	3970	−	21.2	35.1	62.0	
フライアッシュセメント	B種	3500	−	26.1	39.3	60.6	−
エコセメント	普通	4100	−	24.9	35.2	52.4	−

（セメントの常識　セメント協会）

エコセメント（2-4-5）

普通セメント　　　　　　　　　　　　エコセメント

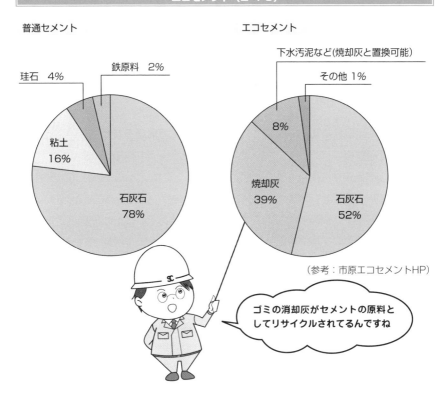

（参考：市原エコセメントHP）

ゴミの消却灰がセメントの原料としてリサイクルされてるんですね

2-5

水

コンクリートはセメントが水と化学反応することで固まるものであり、コンクリートにおいて水は非常に重要な材料です。水にはさまざまなものを溶かす性質があり、溶け込んだ物質の中にはセメントの硬化を妨げるものもあります。ここでは、練り混ぜに使用される水の種類と品質、水の体積変化について説明します。

▶▶ 練り水の種類

生コン工場で生コンの練り混ぜに使用される水には、図2-5-1のようなものがあります。練り水は、大きく**上水道水**、**上水道水以外の水**、**回収水**に分けることができます。上水道水以外の水は、さらに**河川水**、**湖沼水**、**工業用水**、**地下水**などに、回収水は**上澄水**と**スラッジ水**に分けられます。

回収水とは、ミキサ車や工場設備の洗浄に用いた水のことで、静置したときに上澄みとして得られるものを上澄水、セメント分等の固形分の混じったものをスラッジ水と呼びます。

▶▶ 水の品質

練り混ぜに用いられる水には、「セメントの硬化に悪影響を及ぼさないこと」「鉄筋の耐久性を損ねない（腐食させない）こと」などの品質が求められます。

上水道水は無条件に使用することができますが、それ以外の水を用いる場合には品質の確認が必要です。地下水には特殊な成分が溶け込んでいることがあり、また河川水や湖沼水は、工業排水によって汚染されているおそれがあります。コンクリートの硬化や鉄筋の耐久性に悪影響を及ぼすことがないよう、水質に関する基準を満たしていることを確認する必要があるわけです。

回収水については、基本的には上水道水と同様に用いることができますが、スラッジ水は品質の優れた（高耐久、高強度）生コンの製造には使用しないよう定められています。スラッジ水を使用するにあたっては、**固形分率**※を把握したうえで、その量に応じて単位水量、単位セメント量を増し、細骨材率を小さくするなどの配合調整を行なう必要があります。なお、固形分率が3％を超えるスラッジ水は使用できません。

※固形分率：固形分率とは単位セメント量に対するスラッジ固形分の質量の割合のことで、スラッジ固形分とはスラッジ水中の骨材の微粒分、セメント分のこと。

第2章　コンクリートの材料

練り水の種類（2-5-1）

水の種類	解　説
上水道水	飲料用の水。
上水道水以外の水	河川水、湖沼水、井戸水、地下水として採水され、とくに上水道水として処理がなされていない水や工業用水。ただし、回収水は除く。
回収水	生コン車のドラムやプラントのミキサ、ホッパなどの洗浄水や戻り生コンを処理して得られる水（スラッジ水、上澄水）の総称。

水の品質①（2-5-2）

水の品質

項　目	品　質
懸濁物質の量	2g／ℓ 以下
溶解性蒸発残留物の量	1g／ℓ 以下
塩化物イオン（Cl⁻）量	200ppm以下
セメントの凝結時間の差	始発は30分以内、終結は60分以内
モルタルの圧縮強さの比	材齢7日および材齢28日で90%以上

（出典：JIS A 5308 附属書3）

回収水の品質

項　目	品　質
塩化物イオン（Cl⁻）量	200ppm以下
セメントの凝結時間の差	始発は30分以内、終結は60分以内
モルタルの圧縮強さの比	材齢7日および材齢28日で90%以上

（出典：JIS A 5308 附属書3）

練り水には、硬化に悪影響を及ぼさないことと、鉄筋を腐食させないことが求められているんですね

水の大きさがセメントの反応速度を変える？

　セメントを細かくすると、表面積が増すため反応速度が速くなります。そうであれば、水を細かくしても反応の仕方は変わるのでは？それはそんな思いからスタートした実験でした。「水を細かくする」といってもピンとこないかもしれませんが、水は通常10～100個程度の水分子の集合（クラスター）として存在しているのです。

　私はあるとき、クラスターが小さいとされる水を入手し、反応の仕方を確認するためのその実験を行ないました。結果は、私がそれまでに経験したことがないものでした。セメントの反応速度は、早い段階から時間の経過とともに小さくなるのが普通です。しかし、その実験では、2週目の強度が1週目の強度の約2倍になったのです。つまり、2週間たっても反応速度が落ちていなかったのです。私はすぐに大学の先生方にその水を送り、追実験を依頼しました。しかし、なぜか私が確認したような結果を得ることはできず、この件はそのままになってしまいました。

　氷の結晶は、固まる前の水に与えた波動によって、まるで異なる形になるといわれています。同じ水でも、クラスターが小さいとされるプラスの波動を与えた水の場合、その水を凍らせてできる氷の結晶は、幾何学的な美しい姿になるそうです。クラスターの大きさによって氷の結晶の形が変わるのであれば、それがセメントの硬化の仕方に大きな影響を与えたとしても不思議はないのではないでしょうか。

　水の粒子を小さくすれば、コンクリートの性質を変えることができる（品質が向上する）と私は今も信じており、いつかまた、それを検証したいと思っています。

▶▶ 水の体積変化

　水は他のコンクリート材料と比べて温度変化に伴う**体積変化**が著しく大きく、たとえば20℃から60℃になったときには「1.5%以上」も体積が増えます。同じ温度変化に対するコンクリートの体積変化「0.1%以下」と比べ、非常に大きいことがわかります。

　コンクリートは練り水を少なくするよういわれていますが、これは水の体積変化の観点からも納得できます。高強度コンクリートやマスコンクリートでは、常温で打設したものが躯体内部で60℃を超えるような温度にまで上昇することがありますが、温度変化に伴う体積変化の大きい水を少なくしていれば、その分だけ体積変化を小さくすることができます。

水の品質② (2-5-3)

練り混ぜ水中の各種塩類の影響（濃度10000ppm）

影響 塩の種類	凝　結	強　度	収　縮
塩化ナトリウム	やや促進性	長期強度を低下	増大
塩化カルシウム	促進性	初期強度を増大	増大
塩化アンモニウム	促進性	短期強度を増大	増大
炭酸ナトリウム	促進性が著しい異常凝結性	長期強度を低下	増大
硫酸カリウム	少ない	少ない	少ない
硝酸カルシウム	促進性	長期強度を低下	増大
硝酸鉛	遅延性が著しい	初期強度を低下	少ない
硝酸亜鉛	遅延性が著しい異常凝結性	初期強度の低下が著しい	－
ホウ砂	異常凝結の傾向	全体的に低下	やや増大
フミン酸ナトリウム	遅延性が著しい	全体的に低下	やや増大

（出典：「コンクリート技術の要点'09」日本コンクリート工学協会）

練り混ぜ水中の不純物がコンクリートの強度に与える影響

練り混ぜ水中の不純物		寒　天		タンニン		グリセリン		あまに油	砂　糖
含有量（%）		0.14	1.00	0.14	1.00	0.14	1.00	1.00	1.00
圧縮強度比（%）	7日	70	0	57	0	118	18	0	0
	28日	70	0	77	0	130	75	0	0

＊清浄な水を用いた場合の圧縮強度を100とした
（出典：「土木材料コンクリート」共立出版）

水の体積変化 (2-5-4)

温度と水の密度

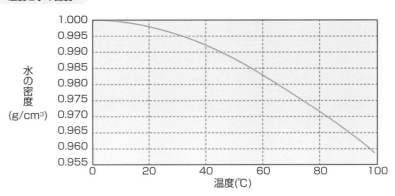

2-6

骨材の種類

　通常コンクリートはその体積の7割程度が骨材です。それだけ骨材の使用量は多い
わけです。天然の骨材だけではまかないきれないこともありますが、産業廃棄物の有
効利用の観点からも、今後ますます様々な骨材が利用されることになると考えられま
す。ここでは施工性や硬化コンクリートの性質にも少なからぬ影響を与える骨材の種
類について紹介します。

▶▶ 骨材とは

　モルタルやコンクリートをつくる際に、セメントや水と練り混ぜる砂や砂利のこと
を**骨材**と呼びます。砂と砂利は、その大きさで区別され、10mmふるいをすべて通り、
5mmふるいを質量で85％以上通る粒径の小さなものを**細骨材**（砂、砕砂）、5mm
ふるいに質量で85％以上留まる粒径の大きなものを**粗骨材**（砂利、砕石）と呼んで
います（図2-6-1）。

▶▶ 骨材の種類

　ここでは「製造方法」「密度」による骨材の分類について紹介します。

❶製造方法による分類
　骨材は製造方法から**天然骨材**、**人工骨材**、**再生骨材**に分けることができます。天
然骨材は川や山、海などから採掘したもので、「河床や河川敷から採れる川砂、川
砂利」「堤内地[※]や旧河川敷から採れる陸砂、陸砂利」「山地や丘陵地から採れる山砂、
山砂利」「河口や海底から採れる海砂、海砂利」などがあります。**砂**や**砂利**と呼ば
れるものは普通、このような天然のものを指します。
　人工骨材には、天然の岩石を破砕した**砕砂**や**砕石**のほか、製鉄所で鉄鋼を製造す
る際に副産物としてできる高炉スラグを原料とした**高炉スラグ骨材**、コンクリート
を解体したときの廃材を原料とした**再生骨材**などがあります。再生骨材を利用し
た再生コンクリートはまだほとんど普及していませんが、山を削り続け、一方コン
クリートの廃材を出し続けることなど、できるものではありません。産業廃棄物の
有効利用の観点から、再生骨材の積極利用は今後不可欠です。

※堤内地：堤防によって河川の氾濫から守られている土地。

骨材とは（2-6-1）

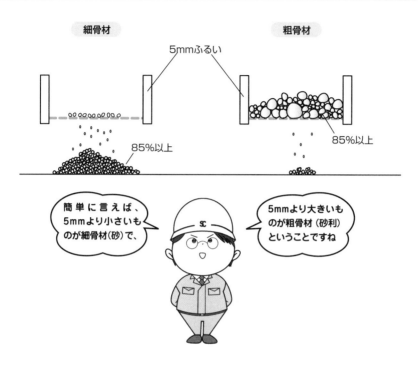

細骨材　　　　　　　　　　粗骨材

5mmふるい

85%以上　　　　　　　　　85%以上

簡単に言えば、5mmより小さいものが細骨材（砂）で、

5mmより大きいものが粗骨材（砂利）ということですね

骨材の種類①（2-6-2）

産地による分類

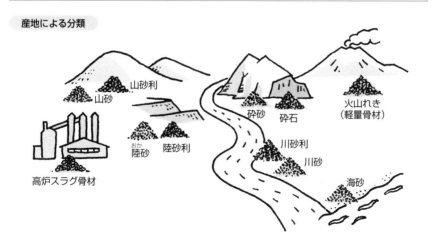

山砂利
山砂
山砂利
陸砂
陸砂利
砕砂
砕石
火山れき（軽量骨材）
川砂利
川砂
海砂
高炉スラグ骨材

❷密度による分類

通常の骨材の密度（絶乾密度）は「2.5g/cm²以上」と定められており、普通用いられている骨材（普通骨材）の密度は2.6〜2.7g/cm²程度です。骨材は密度によって分類され、普通骨材のほか、2.0g/cm²程度以下の密度の小さい**軽量骨材**、および4.0g/cm²程度以上の密度の大きい**重量骨材**があります。

軽量骨材は、構造物の自重を低減するために用いられます。軽量骨材は強度が低い傾向があり、構造部材に用いる際には、所要の強度を満たしているものを使用する必要があります。軽量骨材を使用した密度の小さいコンクリートを、**軽量コンクリート**と呼びます。

重量骨材は、放射線が密度の大きいものほど透過しにくい（壁などの厚みを増すことでも透過量を減らすことができます）ことを利用して、**放射線遮蔽用**のコンクリートの骨材として、あるいは、重量が大きいことを生かして、水中構造物のコンクリートの骨材として使われています。重量骨材を用いた密度の大きなコンクリートを、**重量コンクリート**と呼びます。

▶▶ 岩石の種類

コンクリート用の骨材としては、安山岩、玄武岩、砂岩、石灰岩、花崗岩、斑岩などが用いられています。岩種からある程度の性質は分かりますが、産地による違いもあるため、使用する際には個別の品質確認が欠かせません。

岩種とコンクリートの性質の関係としては乾燥収縮率の大きさがよく知られています。近年はコンクリートの乾燥収縮率を小さくすることが求められる機会が増えており、乾燥収縮低減に有利な骨材として、石灰石が用いられることが多くなりました。

アルカリ反応性の骨材としては、マグマ由来のシリカを含む安山岩、微生物由来のシリカを含むチャートなどがとくに注目されていますが、シリカ質を含む岩石はその他にも多く存在し、どのような形でシリカ質を含んでいるかによって、反応の時期などが異なっています。

また、セメントペーストの熱膨張係数※ 15〜18×10⁻⁶/℃に対し、骨材の熱膨張係数は、骨材の種類によって異なるものの、その値はセメントペーストよりも小さく、熱膨張係数の小さい骨材を用いるほど、コンクリートの熱膨張係数も小さくなります。

なお、今後は再生骨材を使用せざるを得なくなるのも必至であり、私は骨材の種類にこだわるよりも、施工を入念に行なうことを考えるべきだと思っています。

※熱膨張係数：ある物質の温度が1℃上昇したときに、その物質が膨張する割合。

骨材の種類②（2-6-3）

軽量骨材の種類および区分

種　類

種　類	説　明
人工軽量骨材	膨張けつ岩、膨張粘土、膨張スレート、フライアッシュを主原料としたもの
天然軽量骨材	火山れきおよびその加工品
副産軽量骨材	膨張スラグなどの副産軽量骨材およびそれらの加工品

骨材の絶乾密度による区分

区　分	絶乾密度（g/cm^3）	
	細骨材	粗骨材
L	1.3未満	1.0未満
M	1.3以上　1.8未満	1.0以上　1.5未満
H	1.8以上　2.3未満	1.5以上　2.0未満

＊通常の骨材では2.65程度

骨材の実積率による区分

区　分	モルタル中の細骨材の実積率（%）	粗骨材の実積率（%）
A	50.0以上	60.0以上
B	45.0以上　50.0未満	50.0以上　60.0未満

コンクリートとしての圧縮強度による区分

区　分	圧縮強度（N/mm^2）
4	40以上
3	30以上　40未満
2	20以上　30未満
1	10以上　20未満

フレッシュコンクリートの単位容積質量による区分

区　分	単位容積質量（kg/m^3）
15	1600未満
17	1600以上　1800未満
19	1800以上　2000未満
21	2000以上

＊通常のコンクリートでは2300(=2.30g/cm^3)程度
（出典：JIS A 5002）

重量骨材の密度

骨　材	通常の骨材	磁鉄鉱	砂鉄	鉄	バライト（重晶石）	銅からみ
密度（g/cm^3）	2.6～2.7	4.5～5.2	4～5	7～8	4～4.7	3.6前後

2-7

骨材の品質

骨材にはさまざまな品質のものがあります。中にはコンクリート品質に悪影響を及ぼすものもあることから、品質性能について様々な規定が設けられています。ここでは「骨材そのものの性質」「形状・大きさ」「有害物」について定められた骨材品質の規定について見ていきます。

▶▶ 骨材そのものの性質

骨材の性質として重要な物には、絶乾密度、吸水率、強さ、安定性（耐凍害性の指標）、すり減り抵抗性などがあります。強さ、安定性、すり減り抵抗性などは、絶乾密度および吸水率と関係があるため、実用上は、試験が比較的容易な**絶乾密度**[※]と**吸水率**の大きさが骨材の品質を判断するうえでの目安として重視されています。

❶絶乾密度

岩石の種類による影響もありますが、基本的に**絶乾密度**の大きいものほど空隙が少なく、品質が優れている傾向があります。

❷吸水率

吸水率の小さいものほど空隙が少なく、品質が優れている傾向があります。

❸安定性

骨材中の空隙の中の水が凍結・融解を繰り返すと、骨材は少しずつ破壊されていきます。骨材中の空隙に繰り返し膨張力を作用させたときに、骨材がどれだけ壊れるかを示すのが骨材の**安定性**です。もちろん少ししか壊れない骨材ほど良質です。

❹すり減り抵抗性

舗装やダム表面のコンクリートは、車両の通行や流水により、徐々に削られていきます。一定条件の下で表面がどれだけすり減るかを示すのが**すり減り抵抗性**です。もちろんすり減り量が少ない骨材ほど良質です。

※ 絶乾密度：骨材を完全に乾燥（105℃で24時間乾燥）させたときの質量を、その体積で割った値。

骨材そのものの性質（2-7-1）

砂利および砂の品質規定

品質項目	砂　利	砂	砕　石	砕　砂
絶乾密度（g/cm^3）	2.5以上	2.5以上	2.5以上	2.5以上
吸水率（%）	3.0以下	3.5以下	3.0以下	3.0以下
粘土塊量（%）	0.25以下	1.0以下	－	－
微粒分量（%）	1.0以下	3.0以下	3.0以下	9.0以下
有機不純物	－	標準色液の色よりも淡い	－	－
軟らかい石片（%）	5.0以下	－	－	－
石炭・亜炭等で比重1.95の液体に浮くもの（%）	0.5以下	0.5以下	－	－
塩化物量（%）	－	0.04以下	－	－
安定性（%）	12以下	10以下	12以下	10以下
すりへり減量（%）	35以下	－	40以下	－
粒形判定実積率（%）	－	－	56以上	54以上

（参考：JIS A 5308 附属書1／JIS A 5005）

骨材の含水状態

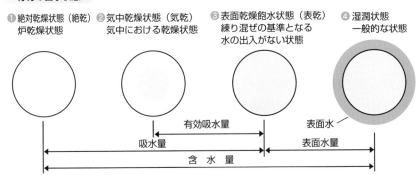

❶ 絶対乾燥状態（絶乾）炉乾燥状態　❷ 気中乾燥状態（気乾）気中における乾燥状態　❸ 表面乾燥飽水状態（表乾）練り混ぜの基準となる水の出入がない状態　❹ 湿潤状態　一般的な状態

有効吸水量　表面水　吸水量　表面水量　含　水　量

吸水率、含水率、表面水率

❶ 吸水率とは、吸水量を絶乾状態の質量で除して求めた百分率のこと。

$$吸水率＝\frac{吸水量}{絶乾質量}×100（\%）　\left(有効吸水率＝\frac{有効吸水量}{絶乾質量}×100（\%）\right)$$

$$含水率＝\frac{含水量}{絶乾質量}×100（\%）$$

❷ 含水率とは、含水量を絶乾状態の質量で除して求めた百分率のこと。

$$表面水率＝\frac{表面水量}{表乾質量}×100（\%）＝（含水率－吸水率）×\frac{1}{1+\dfrac{吸水率}{100}}（\%）$$

❸ 表面水率とは、表面水量を表乾状態の質量で除して求めた百分率のこと。

▶▶ 形状・大きさ

　骨材の形状・大きさについては、**粒度、粗粒率、粗骨材の最大寸法、実積率、単位容積質量**などについて標準値等が示されています。標準から外れた骨材を使用した場合でも、通常は「ただちにコンクリートの品質に重大な問題が生じる」ことはありませんが、**施工性**が低下するおそれがあります。

❶粒度・粗粒率

　粒度とは、骨材を80、40、20、10、5、2.5、1.2、0.6、0.3、0.15mmの10のふるいでふるい分けしたときに、各ふるいにとどまる量の分布のことをいいます。粒度が適正なものは生コンの施工性（**流動性**や**ポンプ圧送性**）が優れたものとなります。

　粗粒率は粒度を数値化したもので、粗粒率が小さいほど、細かい骨材が多いことを示しています。

❷粗骨材の最大寸法

　部材や鉄筋の間隔などによって使用できる粗骨材の最大寸法が定められています（3-2節参照）。基本的に大きい粗骨材を使用すると、練り水を減らすことができ、コンクリートの**乾燥収縮**を低減することができます。粗骨材の最大寸法は20mm、25mmが標準です。

▶▶ 有害物

　有害物には、**有機不純物、軟石、粘土塊、塩化物、軽粒分、微粒分**などがあり、これらは硬化体に直接悪影響を及ぼすものとして、その含有量の上限値が規定されています。

　なお、「海砂の場合はとくに塩化物量に要注意」など、骨材の種類によって注意すべき不純物の対象が異なります。

❶有機不純物

　有機不純物は、山砂、陸砂、川砂等、天然の砂に混入します。

　有機不純物の含有量が多い砂を使用すると、セメントの水和反応に支障をきたし、コンクリートの耐久性、強度、耐摩耗性、耐火性などに悪影響が及ぶことがあり

形状・大きさ（2-7-2）

砂利および砂の標準粒度

骨材の種類		ふるいを通るものの質量百分率（%）					
		ふるいの呼び寸法（mm）					
		50	40	30	25	20	15
砂利 最大寸法(mm)	40	100	95～100	－	－	35～70	－
	25	－	－	100	95～100	－	30～70
	20	－	－	－	100	90～100	－
砂	－	－	－	－	－	－	－

骨材の種類		ふるいを通るものの質量百分率（%）					
		ふるいの呼び寸法（mm）					
		10	5	2.5	1.2	0.6	0.3	0.15
砂利 最大寸法(mm)	40	10～30	0～5	－	－	－	－	－
	25	－	0～10	0～5	－	－	－	－
	20	20～55	0～10	0～5	－	－	－	－
砂	－	100	90～100	80～100	50～90	25～65	10～35	2～10

（参考：JIS A 5308 附属書1）

粗骨材の最大寸法と単位水量

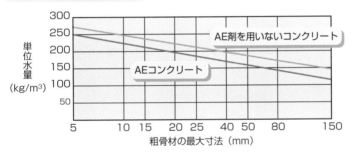

単位水量（kg/m³）

AE剤を用いないコンクリート

AEコンクリート

粗骨材の最大寸法（mm）

＊スランプ約7.5cm／水セメント比＝54%
（出典：「コンクリートマニュアル」国民科学社）

骨材の実積率と単位容積質量

1m³の容器

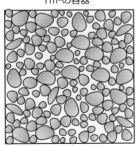

粗骨材の最大寸法を大きくするほど、
単位水量を減らすことができる

＊実積率：容器に骨材を満たしたとき、容器の全容積に対する
　　　　容器中の骨材の体積が占める割合。
＊単位容積質量：1m³の容器に骨材を満たしたときの骨材の質量

ます。これを防止するために、基本的に有機不純物試験に合格した砂を使用するよう規定されています。

ただし、試験が不合格の砂でも、その砂を使ってつくったモルタルの圧縮強度が所定の強度を満たす場合は、その砂は使用可能です。

❷軟らかい石片

軟らかい石片の含有量が多い砂利を使用すると、すり減りに対する抵抗性が低下するため、軟らかい石片の含有量の上限値が砂利に対して規定されています。

❸粘土塊

粘土塊は天然骨材に含まれます。

粘土塊の含有量が多い骨材を使用すると、コンクリートの強度や耐久性が低下するため、粘土塊の含有量の上限値が砂、砂利に対して規定されています。

❹塩化物量

海砂には塩化物が含まれます。

塩化物の含有量が多い砂を使用すると、コンクリート中の鋼材を腐食させる要因になるほか、アルカリ骨材反応を促進するおそれがあります。これらを防止するために、塩化物の含有量の上限値が砂に対して規定されています。

❺軽粒分（密度1.95の液体に浮くもの）

石炭、亜炭※等の軽粒分は天然骨材に含まれます。

石炭、亜炭の含有量が多い骨材を使用すると、その硫黄分が水と空気によって、硫酸イオンとなり、それがセメントと反応することでコンクリートが膨張し、強度低下、耐摩耗性の低下、表面部の損傷などを招くおそれがあります。これらを防止するために、軽粒分の含有量の上限値が砂、砂利に対して規定されています。

❻微粒分

天然骨材には粘土・シルトとして、砕石・砕砂には石粉として微粒分が含まれます。微粒分の含有量が多い骨材を使用すると、練り水の量が増加し、乾燥収縮量が大きくなるため、微粒分の含有量の上限値が砂、砂利に対して規定されています。

※亜炭：石炭のうち炭化の度合いが低く、発熱量の低いもの。

❼その他の有害物

その他現在の規定で合格した骨材を使用した場合でも、**ポップアウト**[※]や**ひび割れ**などの問題が生じるおそれはゼロではありません。したがって、使用実績の少ない骨材を使用する場合には、事前に試験で品質を確認するのが基本です。

有害物（2-7-3）

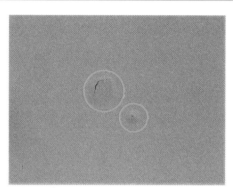

▲壁面のポップアウト

鉱物自体の変質がコンクリート劣化の原因となるもの

有害物	解 説
硫化物	コンクリート中で化学反応して体積を膨張させ、コンクリートを破壊する。硫化物としては、黄銅鉱（$CuFeS_2$）、黄鉄鉱（FeS_2）、方鉛鉱（PbS）などがある。これらは、鉱石として鉱脈、鉱床に多く存在するほか、火山活動の盛んな地域で認められる。
硫酸塩鉱物	セメントと反応してコンクリートを膨張させる。硫酸塩鉱物としては、石膏（$CaSO_4$ $2H_2O$）、重晶石（$BaSO_4$）、明礬石（$KAl_3(OH)_6(SO_4)_2$）などがある。これらはいずれも鉱脈として存在し、岩石中には含まれていない。
雲母類	強度が低いため、骨材中に多量に含まれている場合は、コンクリートの強度を低下させる。雲母類は造岩鉱物として岩石中にごく普通に含まれるが、多いものでは花崗岩中に10％程度含まれている場合がある。
珪酸類	高温になると急激に体積膨張を起こし、コンクリートを破壊させるため、耐火性を要求されるコンクリート骨材には使用できない。とくに鱗珪石は、常温でもコンクリート中のアルカリ成分と反応し、コンクリートを過度に膨張させて、コンクリートを粉状化させたり、ひび割れや湾曲、ひどいときには崩壊させることがある（アルカリ骨材反応）。石英やチャートの珪酸類鉱物もアルカリ骨材反応を引き起こす。

[※] ポップアウト：コンクリート表面の局所的な膨張に伴うひび割れ、剥離現象。

2-8

混和材料

　混和材料とはセメント、水、骨材以外の材料のことで、生コンや硬化コンクリートの品質改善のために用いられています。現在はさまざまな混和材料が実用化され、混和材料なしには実現できないような特殊な性能を有するコンクリートが可能となっています。ここでは代表的な混和材料を取り上げ、その使用効果を中心に説明します。

▶▶ 混和材料

　古代エジプトやローマでは、焼石膏や消石灰、火山灰等に、動物の血液、脂肪、ミルクなどを混ぜ、建材として使用していたようです。また、近代以降では、高価なセメントの使用量を減らすために、増量材的に火山灰などが用いられました。1930年以降は、とくに混和剤を中心に研究が進み、現在では、コンクリートにさまざまな性能を付与するために、**混和材料**はなくてはならないものとなっています。

　なお、先にも述べたように、通常セメント質量の3〜5%程度以上のものを混和材（粉体）、1%程度以下の薬品的な用いられ方をするものは混和剤（液体）と区別しています。

▶▶ 混和材

　混和材は、産業廃棄物の有効利用として使用され始めたものが大部分ですが、粉末度の調整などにより、生コン、硬化コンクリートの品質を改善するための試みがなされています。以下、代表的な混和材について紹介します。

❶高炉スラグ

　製鉄所では、製鉄の過程で鉄鉱石を溶融し、鉄（銑鉄）と鉄以外の成分に分離します。**高炉スラグ**とはこの鉄以外の成分のことで、銑鉄1tに対し、高炉スラグは300kg程度生成します。この高炉スラグを、加圧した水を噴射するなどして急速に冷却（水砕）したものが、セメントと一部置き換えられる形で、コンクリートの材料として用いられています。

　高炉スラグ微粉末は、アルカリ性の刺激を受けることで硬化し（**潜在水硬性**）、緻密な硬化組織をつくります。高炉スラグを用いたコンクリートは、硬化初期に乾

混和材料（2-8-1）

混和剤の種類とコンクリートの性能

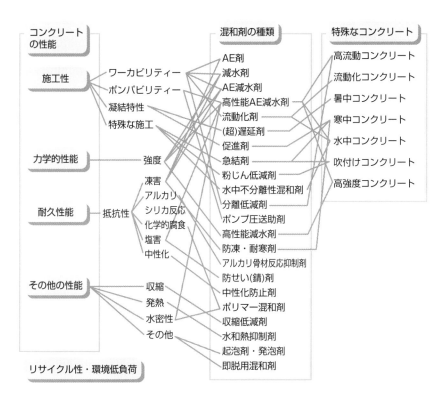

（出典：「コンクリート診断技術'09［応用編］」日本コンクリート工学協会）

さまざまな性能を付与するために
さまざまな混和剤が開発されてい
るんですね

燥させると強度が十分に得られなくなることもあるため、普通のコンクリート以上に**湿潤養生**が重要になります。硬化後の性質としては塩類や海水、下水などに対する**化学抵抗性**が高いことが知られています。

なお、高炉スラグは粉末度により3種に区分され、粉末度が大きいほど、コンクリートの流動性が増すとともに、初期強度、温度上昇が大きくなります。

❷ フライアッシュ

フライアッシュとは、火力発電所などの微粉炭燃焼ボイラ[*]から出る廃ガスに含まれる微粉粒子で、集塵機で集められます。

混和材としてのフライアッシュは、粒子が球形であることから、**ベアリング効果**により生コンの流動性を高め、単位水量の削減に寄与します。

フライアッシュを用いたコンクリートの硬化後の特徴としては、十分な湿潤養生を行った場合、フライアッシュがセメントの水和によって生じた水酸化カルシウムと反応して、不溶性の化合物をつくり（**ポゾラン反応**）、それによって長期材齢の強度、**水密性**、化学抵抗性が高まります。一方、乾燥が進むと、十分な強度が得られないこともあります。フライアッシュは、マスコンクリートや水理構造物[*]など、乾燥しにくいコンクリート構造物への使用に適しています。

❸ シリカフューム

シリカフュームとは、フェロシリコン[*]などを製造する際の廃ガスに含まれる超微粒子で、集塵機で集められます。

平均粒径が0.1ミクロン（0.0001mm）とタバコの煙の粒子（1ミクロン以下）よりも小さく、形状は球形です。生コンの水セメント比を20%以下とした場合（一般的には50～60%程度）は、通常、高性能減水剤を多量に用いても十分な流動性を得ることはできません。しかし、シリカフュームを加えると、低水セメント比でありながら、流動的かつ材料分離の生じにくいものとすることができるため、現在は、100N/mm²（一般的には30N/mm²程度）を超えるようなコンクリートも現場で打設できるようになっています。

高強度化は、セメント粒子の隙間にシリカフュームが入り込むことによる、組織の高密度化（**マイクロフィラー効果**）によるもので、このためシリカフュームを用いたコンクリートは、水密性、化学抵抗性にも優れています。[*12]

※微粉炭燃焼ボイラ：燃焼効率を高めるために微粉砕した石炭を用いたボイラ。

※水理構造物：ダム、堤防、防波堤等の河川構造物、海洋構造物。

混和材① (2-8-2)

高炉スラグ微粉末を用いたコンクリートの圧縮強度

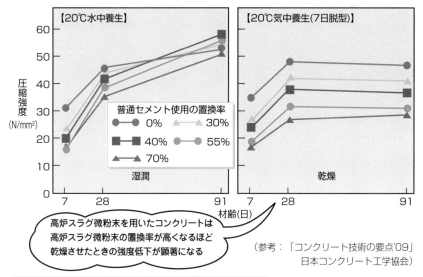

【20℃水中養生】

普通セメント使用の置換率
- ● 0%
- ▲ 30%
- ■ 40%
- ● 55%
- ▲ 70%

湿潤

【20℃気中養生(7日脱型)】

乾燥

圧縮強度 (N/mm²)

材齢(日)

> 高炉スラグ微粉末を用いたコンクリートは高炉スラグ微粉末の置換率が高くなるほど乾燥させたときの強度低下が顕著になる

(参考:「コンクリート技術の要点'09」日本コンクリート工学協会)

シリカフュームを用いたコンクリートの高強度化メカニズム

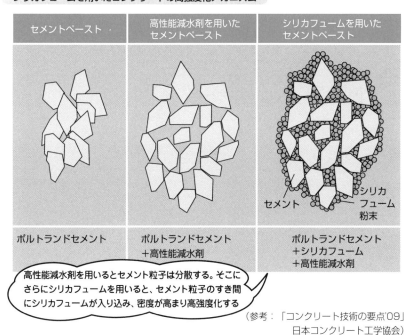

セメントペースト	高性能減水剤を用いたセメントペースト	シリカフュームを用いたセメントペースト
ポルトランドセメント	ポルトランドセメント+高性能減水剤	ポルトランドセメント+シリカフューム+高性能減水剤

セメント
シリカフューム粉末

> 高性能減水剤を用いるとセメント粒子は分散する。そこにさらにシリカフュームを用いると、セメント粒子のすき間にシリカフュームが入り込み、密度が高まり高強度化する

(参考:「コンクリート技術の要点'09」日本コンクリート工学協会)

＊フェロシリコン：製鋼の際に酸素を除去するためなどに用いられる材料。
＊12：超のつく 微粒子で 硬化組織にある 隙間を埋めて 超高強度化

❹石灰石微粉末

石灰石微粉末は、**高流動コンクリート**において、水和熱を抑制しながら**材料分離抵抗性**を高めることなどを目的として、比表面積3,000〜8,000cm²/g程度のものが用いられています。

❺膨張材

膨張材は水との反応により膨張作用を示す混和材です。膨張のメカニズムとしては、**エトリンガイト**（$3CaO \cdot Al_2O_3 \cdot 3CaSO_4 \cdot 32H_2O$）の生成を利用したものと、**石灰**の膨張作用（$Ca(OH)_2$を生成）を利用したものがあります（図2-8-3化学式）。いずれも膨張反応には水分が不可欠であり、膨張材を用いたコンクリートは普通のコンクリート以上に硬化初期の**湿潤養生**が重要となります。

膨張材の使い方には**収縮補償**と**ケミカルプレストレス**の2種類があります。収縮補償とは、乾燥による収縮量を補うようにコンクリートを膨張させる使い方で、ケミカルプレストレスとは、さらに膨張量を大きくすることによりコンクリート内部に圧縮力を作用させ、曲げひび割れなどを生じにくくさせる使い方です。[13]

使用上の注意事項としては、「膨張材が風化しないよう貯蔵すること」「練り混ぜが不十分な場合表面にポップアウトが生じることもあるため、均一に練り混ぜること（他の材料とは異なり、人の手でミキサに投入されることが多い）」が重要です。

COLUMN　プレストレストコンクリート

あらかじめ圧縮力を加えておくことにより、見かけ上の引っ張り強さを高めたコンクリートをプレストレストコンクリート（Prestressed Concrete）といいます（略してPCともいいます）。

コンクリートに圧縮力を加える方法としては、膨張材の化学反応による膨張を利用した本文上記の「ケミカルプレストレス」もありますが、一般的には、引っ張り強度が通常の鉄筋の2〜4倍のPC鋼材を引っ張った状態でコンクリートに定着させ、鋼材が元の長さに戻ろうとする力を利用しています。

PC鋼材を使用したプレストレストコンクリートを橋梁に用いると、スパンを大きくすることができるため、長大橋ではPC橋とするのが必須となっています。また、現在は長大橋に限らず、新設のコンクリート橋梁のほとんどがプレストレストコンクリートで造られています。建築で採用されることはそれほど多くありませんが、主に梁や床といった水平部材に用いられることがあります。コンクリート杭をはじめとした2次製品の製造にも採用されています。

＊13：硬化時に　膨張現象　生じさせ　高密度化して　ひび割れ防止

混和材② (2-8-3)

膨張材の反応

石灰系: $CaO + H_2O \longrightarrow Ca(OH)_2$

CSA: $3CaO \cdot Al_2O_3 \cdot 3CaSO_4 + (31\sim32)H_2O$
カルシウム・サルホ・アルミネート

$\longrightarrow 3CaO \cdot Al_2O_3 \cdot 3CaSO_4 \cdot (31\sim32)H_2O$
エトリンガイト

混和材の種類

混和材の種類	成分	作用機構	効果	留意点
フライアッシュ	微粉炭燃焼ボイラの廃ガス中に含まれる微粒子	ポゾラン反応	水密性向上、長期強度増進、水和熱低減、アルカリ骨材反応抑制	湿潤養生が不可欠、空気連行性の低下
高炉スラグ微粉末	製鉄所で製鉄する際に排出する溶融スラグを、水を噴射するなどして急速に冷やし、微粉砕したもの	潜在水硬性	水密性向上、長期強度増進、化学抵抗性(海水や硫酸塩に対する抵抗性)向上、アルカリ骨材反応抑制、水和熱低減(セメントとの置換率を高めた場合)	湿潤養生が不可欠
シリカフューム	フェロシリコンなどを製造する際の廃ガスを集塵機で補集したもの	ポゾラン反応	高強度化（マイクロフィラー効果）、流動性向上、アルカリ骨材反応抑制	自己収縮
石灰石微粉末	石灰石を微粉砕したもの	硬化反応には寄与しない	流動性・材料分離抵抗性の向上、水和熱低減、若干の強度増加	粉末度・使用量によって効果が大きく異なる
膨張材	石灰を主成分とするもの、カルシウム・サルホ・アルミネート(CSA、消石灰と石膏およびアルミナを調合、焼成したもの)を主成分とするものがある	水酸化カルシウム（石灰系）またはエトリンガイト（CSA）の生成（膨張反応）	ひび割れ低減、ケミカルプレストレス	湿潤養生が不可欠、風化防止

▶▶ 混和剤

混和剤は、生コンに特殊な性能を与えるために使用するもので、練り混ぜ時に加えるものが大部分ですが、流動化剤のように現場で添加するものもあります。

以下、代表的な混和剤について紹介します。

❶ AE剤（Air Entraining agent）

AE剤は生コン中に微細な気泡（0.025～0.25㎜程度）を混入させるための混和剤です。コンクリート中の空気が1％増えると、強度は5％程度低下します。それにもかかわらず空気を混入させるのには、もちろんそれなりの理由があります。実は、微細な空気を一定量混入することで、コンクリートは**凍害**を受けにくくなるのです。また、微細な空気には生コンの流動性を高める効果があるため、その分練り水の量を減らすことができ（強度が高まる）、結果的に空気を混入したことによる強度低下も補うことができます[14]（図2-8-5上図）。

凍害防止のメカニズムは次のように考えることができます。コンクリート中には、微細な隙間が無数にあります。隙間の中に水が浸入し、その水が気温の低下により外部側から凍結すると、凍結した部分の体積膨張により、内部側の水の圧力が高まります。水の逃げ場がない場合には、コンクリートにひび割れを生じさせることで圧力が開放されますが、AE剤により空気（気泡）が混入されていると、その気泡が水の逃げ場になるため、ひび割れが抑制されるのです（図2-8-4上図）。

AE剤を用いなくても、コンクリートにはもともと0.2～2％程度の空気が含まれています。しかし、AE剤によるものではない、コンクリートにもともと含まれている空気は、一つ一つの気泡が大きく、気泡の数が少ない（気泡が近くに存在しない）ため、圧力が高まった水の逃げ場としては機能しません。気泡は圧力が高まった水のすぐそばに存在する必要があるのです。凍害に強いコンクリートとするためには、気泡間の距離（**気泡間隔係数**）を0.2～0.25㎜程度以下にする必要があるとされています。

なお、コンクリートにもともと含まれる空気は**エントラップトエア**、AE剤により混入される空気は**エントレインドエア**と呼ばれます。

❷ 減水剤（AE減水剤）

減水剤は生コンの流動性を維持しつつ、練り混ぜ水の量を減らすための混和剤で

＊14：生コンの　流動性高め　硬化後は　凍害防ぐ　空気連行

混和剤① (2-8-4)

AEコンクリートの耐凍害性向上機構

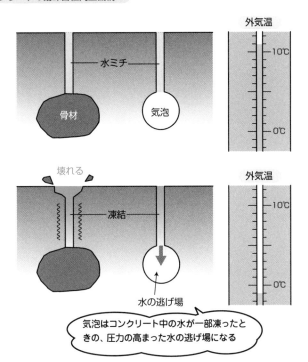

気泡はコンクリート中の水が一部凍ったときの、圧力の高まった水の逃げ場になる

減水剤によるセメント粒子の拡散

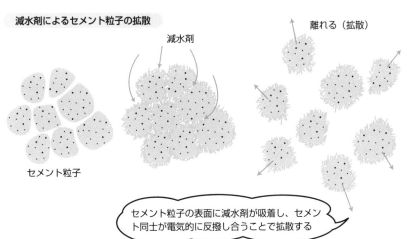

セメント粒子の表面に減水剤が吸着し、セメント同士が電気的に反撥し合うことで拡散する

す。種類によって成分が異なるため、作用の仕方は一様ではありませんが、減水剤にはセメント粒子を分散させる効果があり、それによって生コンの流動性を高めます。※15

ちなみに、施工性（流動性）と強度が同程度のコンクリートをつくることを考えた場合、減水剤を用いたコンクリートは、減水剤を用いないコンクリートよりも、練り水の量を4〜6%程度減らすことができるといわれています。

減水剤は通常、AE剤と合わせた**AE減水剤**として用いられており、AE減水剤を用いると、練り水の量を12〜16%程度減らすことができます。

❸高性能減水剤

高性能減水剤はセメント粒子を分散させる性能が非常に高く、使用量に応じて20〜30%練り水を減らすことができる混和剤です。高性能減水剤を用いた生コンは、時間経過に伴い急激に施工性が低下する（固くなる）傾向があるため、主に一定の環境下で作業ができる二次製品工場で使用されています。硬化遅延性がないことにより、多量添加も可能となっています。現場に納入された生コンを柔らかくするために、流動化剤として使われることもあります。

❹高性能AE減水剤

高性能AE減水剤は、練り水の大幅な削減（優れた減水性能）に加えて、急激な施工性の低下を生じにくくした（優れた**スランプ保持性能**を有する）混和剤です。高性能AE減水剤の開発により、現在は圧縮強度60〜100N/mm^{2}の**高強度コンクリート**も現場で比較的容易に造れるようになりました。また、高性能AE減水剤は通常使用されるコンクリートの高品質化、単位水量の削減にも活用されています。

❺流動化剤

流動化剤は入荷した生コンの流動性を現場で調整するための混和剤です。練り混ぜ後の時間経過により流動性が低下した生コンを、再度柔らかくすることなどを目的に使用されています。主成分は**高性能減水剤**です。※16

❻その他

混和剤にはその他、図2-8-5のようなものがあります。

※15：セメントを　分散させて　柔くして　水を少なくする減水剤
※16：柔らかさ求めず　固すぎ施工できぬ　生コンにこそ　流動化剤

混和剤② (2-8-5)

減水効果の比較例

圧縮強度 (N/mm²)	A	B 空気連行による強度減少分	C 水セメント比の低下による強度増加分
	圧縮強度 混和剤なし	AE剤 水セメント比の低下による強度増加分	AE減水剤
	40	40	45
空気量 (%)	1.0	4.0	4.0
水セメント比 (%)	50.0	47.0	43.5
セメント量 (kg/m³)	340	340	340
同じスランプを得る水 (kg/m³)	170	160	148

> B：AE剤を用いると、流動性が高まるため、Aよりも練り水を減らすことができ、強度が大きくなる。一方、空気を混入することによる強度低下もあり、それらが相殺する（B図の水色の部分）ことでAとBの強度は同程度となる
> C：Bよりもさらに練り水を減らせることで、A,Bよりも強度が大きくなる

混和剤

コンクリート用化学混和剤	AE剤		多数の独立微細気泡を連行する剤
	減水剤		セメント粒子などの粉体を分散させる剤
	AE減水剤		AE剤と減水剤の効果を併せ持つ剤
	高性能AE減水剤		AE減水剤よりも減水効果が大きく、スランプ保持性能を併せもつ剤
	高性能減水剤	流動化剤	後添加して流動性を増大させる剤
		高強度化剤	高い減水効果により強度を増進させる剤
	硬化促進剤		セメントの水和反応を早める剤
	凝結遅延剤		セメントの水和反応を遅くする剤
	急結剤		吹きつけコンクリートのリバウンドの防止や止水に用いる剤
	発泡剤		グラウトの注入後、発泡によって膨張させ付着を高める剤
	起泡剤		主として界面活性剤により物理的に空気泡を導入させる剤
	防水剤		硬化体への吸水、透水に対する抵抗性を高める剤
	鉄筋コンクリート用防錆剤		鉄筋腐食を抑制する剤
	特殊水中混和剤		フレッシュ時に粘性を付与する剤
	保水剤		水の増粘により粒子間の粘着凝集と保水性を高める剤
	防凍剤、耐寒剤		打ち込み直後の初期凍害を防止する剤

Q：コンクリートは結露しやすいのですか？

A：そもそも結露とは何でしょうか？　結露とは、簡単に言えば「暖かく湿った空気が冷たいモノに触れたとき、その表面に水滴が生じる現象」です。冷たい飲み物の入った容器の表面に水滴ができるのは結露のいい例で、「湿度が高い（湿り気が多い）ほど」「その空気と接触するモノとの温度差が大きいほど」結露しやすくなります。

　一般的に言うと、木造住宅に比べて、鉄筋コンクリート造の住宅は確かに「結露しやすい」と言えます。それは、コンクリートは熱伝導率が大きいため、屋外の冷気が伝わりやすく、また、鉄筋コンクリートの住宅は気密性が高いため、湿った空気が滞留しやすいことによります。

　結露を生じさせないためには、コンクリートの温度と室内温度との差をつくらないようにすることが大切であり、外断熱は有効な結露防止策です。湿った空気を滞留させないことも効果的で、換気扇を回して空気を入れ替えることでも結露しにくくすることができます。

Q：屋上防水は絶対に必要ですか？

A：国内の多くの地域では、「鉄筋コンクリートの屋上には、防水工事は不可欠」と考えられています。しかし、沖縄では通常、防水工事は行なわれていません。コンクリートには実はもともと防水性能があるためです。

　防水は経年劣化するため、通常10年程度で改修する必要があります。一方、コンクリートそのものの防水性能を十分発揮させることができれば、改修の必要はありません。そこで私は屋上防水ではなく、コンクリートの品質を高めることによって防水性能を発揮させるのが望ましいと考えています。

　コンクリート品質向上のための具体策は以下の3つです。「コンクリートを20cm以上の厚さとする」「練り水の量を減らしたスランプ10cm以下の生コンを入念に加圧するように打設する」「打設後はできるだけ長期間水をためる養生を行なう」。

　なお、屋上は夏場にはかなりの高温になります。これはコンクリートにとって望ましいことではありません。屋上緑化を採用するなど、コンクリートが温度変化しにくい環境をつくることも大切です。

生コンクリート

　街中を走るミキサ車は、形が特殊なこともあり、目を引きます。生コンが運搬されているのは分かりますが、生コンには、そもそもどんな技術的背景があって、どのようにつくられているのか、そういったことまではあまり知られていないようです。

　本章では、普段ほとんど紹介されることのない、コンクリートの強度についての考え方や、生コン工場の設備、生コンの製造工程などについて解説します。

3-1

コンクリートの強度

現場に納入されるコンクリートは、所定の頻度で強度試験が行なわれていますが、目標強度を下回ることはめったにありません。当たり前のようにも思われますが、それは生コン工場が統計的手法を使って、目標強度を下回る確率がごく小さくなるように強度の割り増しを行なっているからです。ここでは、用語の意味を紹介しながら、コンクリートを製造する際の強度についての考え方を解説します。

▶▶ 設計基準強度（耐久設計基準強度）

設計基準強度とは構造計算の際に基準とする強度のことで、これは将来コンクリートに加わる力に対して十分安全であるように定められます。強度のことだけを考えれば、設計基準強度を満たしてさえいれば、とくに問題ありませんが、実は注意しなければならないことがあります。それは、強度が低いコンクリートは、耐久性も低くなる傾向があるという点です（図3-1-1）。

強度を高めるほど生コンの値段は上がるため、一般的には設計基準強度を満足する範囲で、強度はなるべく低く抑えられています。しかし、強度の低い（水セメント比が大きい）コンクリートは内部に微細な空隙を多く含むため、外部環境からの影響を受けやすい傾向があります。とくに建築の構造物は部材が薄く、また養生が不足がちでもあり、環境からの影響を受けやすいことから、図3-1-1のような**耐久設計基準強度**を併せて考慮することが求められています。設計基準強度と耐久設計基準強度をともに満足する強度を、品質の基準となる強度ということで、品質基準強度と呼びます。

なお、耐久性の高いコンクリートをつくるためには、水セメント比の小さい（強度の高い）生コンを使用するだけでなく、密度を高めるための入念な施工を行なうことが欠かせません。

▶▶ 呼び強度

生コン工場では、生コンの注文を受ける際の強度区分が設けられています。この強度区分は「**呼び強度**」と呼ばれ、生コン工場では標準養生（20±2℃の水中で養生）供試体の4週強度が呼び強度を満足するよう配合を決めています。

設計基準強度（3-1-1）

水セメント比による中性化速度比

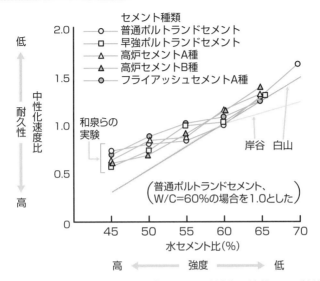

（出典：「コンクリート構造物の耐久性シリーズ中性化」技法堂出版）

コンクリートの耐久設計基準強度（建築コンクリート）

計画供用期間の級	耐久設計基準強度(N/mm²)
短　期（30年）	18
標　準（65年）	24
長　期（100年）	30
超長期（200年）	36*

＊計画供用期間の級が超長期で、かぶり厚さを10mm増やした場合は、30N/mm²とすることができる。

（出典：JASS5）

耐久性の高いコンクリートをつくるには、品質の優れた（強度の大きい）生コンを使うことも大切ですが、実は密度を高めるための施工がもっと重要です

第3章　生コンクリート

▶▶ 割増強度

生コン工場では、荷卸し地点で採取するテストピースの強度が最低でも呼び強度を満足するように、生コン品質の変動を確率的に予測して、強度を割増して生コンを出荷しています。これを**割増強度**といいます。

強度のバラツキは正規分布※に従うとみなすことができ、生コン工場は通常、標準偏差 σ の係数を２〜３（不合格率0.1〜2.3％）とした割増しを行なっています。バラツキが小さい（標準偏差が小さい）ほど正規分布の山は高いものとなり（図3-1-2中段）、標準偏差が小さい、品質管理体制の整った工場ほど、割増強度を小さく抑えた経済的な配合とすることができます。

▶▶ 配合強度

呼び強度に割増強度を加えた強度を**配合強度**といいます。配合強度は生コン工場が練り混ぜを行なう際の目標強度となります。

JISでは「3回の試験結果の平均値は、購入者が指定した呼び強度の強度値以上でなければならない」「1回の試験結果は購入者が指定した呼び強度の強度値の85％以上でなければならない」をともに満足するよう規定していますが、生コン工場では統計的にそれらの条件を満足するよう強度を定めています（図3-1-2下段）。

COLUMN　セメントの強度

コンクリートはセメントの水和反応で硬化するものであり、セメントの強度がコンクリートの強度を決めています。セメントの強度には下限値が示されていますが、通常その下限値よりもかなり大きめの強度となっています。生コンの購入者には安心であるようにも思われます。しかし、実はそうでもないのです。

生コン工場は、セメント強度について、規定の下限値を想定して配合を決めているわけではないためです。セメントの強度には実は結構バラつきがあるのですが、その認識を持たずにいると、セメント強度が低くなった際にコンクリートが強度不足になる恐れがあるのです。

以前中国の生コン工場を訪れた際に、セメントのサンプルを保管しているのを目にしました。強度試験まで行なっているのかは分かりませんが、我が国ではセメントについては基本的に書類の確認だけしか行なっていない（書類に記載されている試験結果も、大量のセメントのうちのごく一部の結果に過ぎず、入荷セメントの品質を保証するものではない）のと比較して、まともな対応をしていると感じました。ひょっとすると、ときどき実際に問題が起きているために、そのようにせざるを得ないということなのかもしれませんが。

※正規分布：確率変数の分布曲線が正規曲線であるような分布。

配合強度（3-1-2）

呼び強度と配合強度

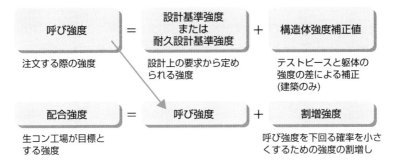

呼び強度	=	設計基準強度 または 耐久設計基準強度	+	構造体強度補正値

注文する際の強度／設計上の要求から定められる強度／テストピースと躯体の強度の差による補正（建築のみ）

配合強度 ＝ 呼び強度 ＋ 割増強度

生コン工場が目標とする強度／呼び強度を下回る確率を小さくするための強度の割増し

バラツキの大きさと正規分布の山の高さ

バラツキが小さい　　バラツキが大きい

σの係数と不合格となる確率

強度の割増し（2.5σ）
不合格となる確率（0.6%）
呼び強度　配合強度

σの係数	不合格となる確率（％）
0	50
1	15.87
1.73	4.18
2	2.28
2.5	0.62
3	0.13

＊σの係数を大きくするほど不合格の確率は小さくなる

強度の割増しの仕方

配合強度 ＝ 呼び強度 ＋ 2〜3σ

通常生コン工場で行っている強度の割増し（JISの❶、❷より厳しい条件であることが肝要）
JISでは以下の❶、❷式の大きい方の値から配合強度を定めることになっている。

❶　配合強度 ＝ 呼び強度 ＋ 1.73σ

条件 3回の試験結果の平均値は、購入者が指定した呼び強度の強度値以上でなければならない

❷　配合強度 ＝ 0.85 × 呼び強度 ＋ 3σ

条件 1回の試験結果は購入者が指定した呼び強度の85%以上でなければならない

3-2

生コンの注文

生コン工場では、生コンを注文する際のメニューが決められています。メニューの基本は、硬化コンクリートの主な性能である「強度（呼び強度）」と、生コンの主な性質である流動性の指標となる「スランプ」で、必要に応じて細かく注文することもできます。ここでは、生コンを注文する際の基礎知識を紹介します。

▶▶ 生コンのメニュー

生コンを注文する際は、「硬化コンクリートの強度」と「生コンの**流動性**」（型枠への充填性）がとくに重要です。生コン工場では、それぞれ**呼び強度**、**スランプ**（またはスランプフロー（単に**フロー**とも言う））として整理されており、この2つに**粗骨材の最大寸法**を加えた組み合わせがメニュー化されています。[*17]

配合の表現の仕方は、たとえば「呼び強度30、スランプ18cm、粗骨材の最大寸法20mm、普通ポルトランドセメント使用」の生コンの場合、「30 − 18 − 20N(30の18の20のN)」と表現されます。

▶▶ 呼び強度

呼び強度には、18，21，24，27，30，33，36，40，42，45，50，55，60などがあります。土木では設計基準強度を、建築では品質基準強度に構造体強度補正による割増しを行なった後の強度を呼び強度として注文します。

▶▶ スランプ

スランプとは、**スランプコーン**[*]に所定の方法で生コンを詰め、スランプコーンを引き上げたときの上面の下がり量（図3-2-2）のことです。スランプ値は生コンの**施工性**の目安であり、流動性が高い生コンほど、この値は大きくなります。[*18] 注文する際の区分には、8，10，12，15，18，21cmなどがありますが、土木の場合は12cmが、建築の場合は18cmがよく用いられています。

高強度コンクリートのように流動性が非常に高いコンクリートについては、スランプ値で流動性を評価するのは難しいため、スランプコーンを引き上げたときに生コンが「同心円状にどれだけ広がったか」、その直径（**フロー値**）を流動性を評価する

---

* 17：生コンは　強度、スランプ　砂利サイズ　使用セメント　伝えて注文
* スランプコーン：上面直径10cm、下面直径20cm、高さ30cmの円錐台形の容器。
* 18：スランプは　施工性知る　バロメーター　大きいものほど　施工しやすい

生コンのメニュー（3-2-1）

生コンの種類

コンクリートの種類	粗骨材の最大寸法 mm	スランプ又はスランプフロー* cm	呼び強度													
			18	21	24	27	30	33	36	40	42	45	50	55	60	曲げ4.5
普通コンクリート	20,25	8,10,12,15,18	○	○	○	○	○	○	○	○	○	○	−	−	−	−
		21	−	○	○	○	○	○	○	○	○	○	−	−	−	−
		45	−	−	−	○	○	○	○	○	○	○	−	−	−	−
		50	−	−	−	−	−	○	○	○	○	○	−	−	−	−
		55	−	−	−	−	−	−	○	○	○	○	−	−	−	−
		60	−	−	−	−	−	−	−	○	○	○	−	−	−	−
	40	5,8,10,12,15	○	○	○	○	○	−	−	−	−	−	−	−	−	−
軽量コンクリート	15	8,12,15,18,21	○	○	○	○	○	○	○	○	−	−	−	−	−	−
舗装コンクリート	20,25,40	2.5,6.5	−	−	−	−	−	−	−	−	−	−	−	−	−	○
高強度コンクリート	20,25	12,15,18,21	−	−	−	−	−	−	−	−	−	−	○	−	−	−
		45,50,55,60	−	−	−	−	−	−	−	−	−	−	○	○	○	−

＊荷卸し地点の値であり、45cm、50cm、55cm及び60cmはスランプフローの値である。
（出典:JIS A 5308）

スランプ（3-2-2）

スランプ試験

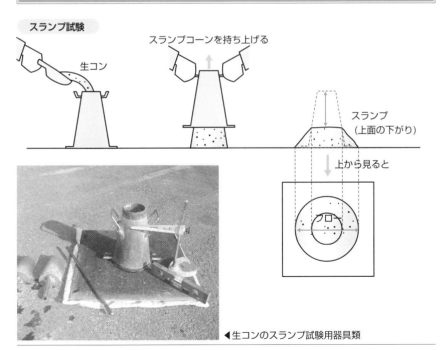

◀生コンのスランプ試験用器具類

ための基準としています。

　なお、私は型枠の中に単に流し込むように充填する柔らかい生コンの使用については、疑問視しています。耐久性に優れたコンクリートをつくるためには、骨格となる砂利を多く用い、水を減らした固い生コンを入念に締め固めることこそ重要であると考えているためです。確かに砂利が多く、スランプの小さい（固い）生コンは施工性が悪いため、誰でも簡単に問題なく打設できるものではありません。しかし、そのような生コンを入念に締め固め、密度を高めたコンクリートは非常に耐久性に優れたものとなります。

　私はスランプ12cm以下（床面の場合は10cm以下、土木構造物は8cm以下）とすることを提案しています。

▶▶ 最大粗骨材寸法

　最大粗骨材寸法の区分には20，25，40mmなどがあり、打ち込む部材、鉄筋間隔によって使用できる粗骨材の最大寸法が定められています（図3-2-3）。

　最大粗骨材寸法を大きくすると、練り水の量を減らすことができる一方、粗骨材とセメントペーストの境界面は欠陥になりやすく、水密性は低下する傾向があります。[19]

　建築では、20mm（地域によっては25mm）のものが一般的ですが、土木では、ダムで150mmのものが用いられているのを始め、断面の大きな構造物で40mmを標準とするなど、大きな粗骨材も使用されています。

　通常の大きさの砂利では大きすぎて充填できない狭い場所の打設や、意匠（デザイン）的な配慮から、15mm以下の**豆砂利コンクリート**が使われることもあります。

▶▶ セメントの種類

　比較的使用頻度の高いセメントとその記号は次の通りです。最も一般的な**普通ポルトランドセメント**（normal portland cement）は「N」、硬化が早い**早強ポルトランドセメント**（high early strength portland cement）は「H」、水和熱の小さい**中庸熱ポルトランドセメント**（moderate-heat portland cement）は「M」、化学抵抗性や水密性が高く、土木構造物にしばしば用いられる**高炉セメント**（portland blast-furnace cement）**B種**は「BB」などとなっています。

＊19：大きいほど　水を減らせる　利点あるも　制約条件　考慮し決める

最大粗骨材寸法（3-2-3）

粗骨材の最大寸法の標準値（土木コンクリート）

構造物の種類		粗骨材の最大寸法(mm)
鉄筋コンクリート*1	一般の場合	20または25
	断面の大きい場合*2	40
	部材最小寸法の1/5、鉄筋の最小あきの3/4およびかぶりの3/4を超えてはならない。(工場製品では、40mm以下で、最小厚さの2/5以下でかつ鋼材の最小あきの4/5を超えない)	
無筋コンクリート	40mm以下を標準、部材最小寸法の1/4を超えてはならない。	
舗装コンクリート	40 mm以下	
ダムコンクリート	有スランプのコンクリートの場合一般に150mm程度以下。RCD用の場合一般に80mmが多い。	

*1 コンクリート示方書(2007年制定)より
*2 最小断面寸法が1000mm以上、かつ、鋼材の最小あきおよびかぶりの3/4＞40mmの場合
　　（出典：「コンクリート技術の要点'09」日本コンクリート工学協会）

使用箇所による粗骨材の最大寸法（建築コンクリート）

使用箇所	砂　利	砕石・高炉スラグ粗骨材
柱・梁・スラブ・壁	20・25	20
基　礎	20・25・40	20・25・40

＊ 粗骨材の最大寸法は、鉄筋のあきの4/5以下かつ最小かぶり厚さ以下とし、特記による。特記のない場合は、上記の範囲で定めて、工事監理者の承認を得る。
　　（出典：JASS5）

セメントの種類（3-2-4）

主なセメントの種類とその記号

種　類	記　号
普通ポルトランドセメント	N
早強ポルトランドセメント	H
超早強ポルトランドセメント	UH
中庸熱ポルトランドセメント	M
低熱ポルトランドセメント	L
耐硫酸塩ポルトランドセメント	SR
高炉セメントB種	BB

▶▶ 発注者が指定できる事項

　上記の項目以外にも、発注者が指定できる事項があります。以下、その代表的なものについて説明します。

❶水セメント比

　水セメント比とはセメントの質量に対する水の質量の割合のことです。

　コンクリートの強度は接着剤であるセメントペーストの濃さで決まり、セメントペーストの濃さは水セメント比で決まります。水セメント比が小さいほど（セメントに対する水の量が少ないほど）接着剤が濃くなるため、強度は大きくなります[20]（図3-2-5下図）。基本的に強度を指定すればそれに対応する水セメント比が自然と決まるため、強度とは別に水セメント比を指定できることには、あまり意味がないように感じられるかもしれません。しかし、コンクリートの性質のうえでは水セメント比の方がより本質的であることや、仕様書では水密性、耐久性などを水セメント比との関係で規定していることから、発注者は水セメント比も指定できることになっています。

　水セメント比は本来、硬化に余分な水がない40％（セメントはその質量の約25％の水と化学的に結合し、約15％の水を吸着する）以下が望ましいのですが、一般に水セメント比を小さくするほど（セメントの使用量が増えるほど）、生コンの価格が高くなるため、経済性も考慮し、50％以下とすることを私は提案しています。なお、この50％以下という数字は、建築学会の仕様書においては「水密性を要する（品質が優れている）コンクリートの水セメント比」に相当します。

❷単位水量

　単位水量とは、生コン1m³を製造するのに用いられる水の量のことです。

　建築学会では185kg/m³以下とするように、土木学会では175kg/m³以下とするように、またいずれも数値の基準と併せて単位水量は「できるだけ少なくするよう」仕様書に記載があります。単位水量を少なくすることで、**乾燥収縮**しにくい（ひび割れが生じにくい）コンクリートとすることができるため（図3-2-6上図）、単位水量は施工可能な範囲でできるだけ少なくする必要があるわけです。[21]

　私は一般的な建築物に対しては通常よりも少なめの「170kg/m³以下」を提案していますが、**高性能AE減水剤**を使用することなどにより単位水量をさらに削減す

＊20：コンクリの　強さの基本　水セメ比　季節によって　補正加えて
＊21：練り水は　可能な限り　少なくし　緻密な組織で　高耐久化

発注者が指定できる事項①（3-2-5）

発注者が指定できる事項

セメントの種類
骨材の種類
粗骨材の最大寸法
アルカリシリカ反応抑制対策の方法
骨材のアルカリシリカ反応性による区分
呼び強度が36を超える場合は、水の区分
混和材料の種類および使用量
JIS A 5308 5.6に定める塩化物含有量の上限値と異なる場合は、その上限値 （荷卸し地点で塩化物イオン量として0.30kg/m³以下。詳細はJIS参照）
呼び強度を保証する材齢
JIS A 5308 表6に定める空気量と異なる場合は、その値 （普通コンクリートの場合4.5%。詳細はJIS参照）
軽量コンクリートの場合は、コンクリートの単位容積質量
コンクリートの最高または最低温度
水セメント比の上限値
単位水量の上限値
単位セメント量の下限値または上限値
流動化コンクリートの場合は、流動化する前のレディーミクストコンクリートからのスランプの増大量
その他必要な事項

（出典：JIS A 5308）

水セメント比（セメント水比）と強度の関係

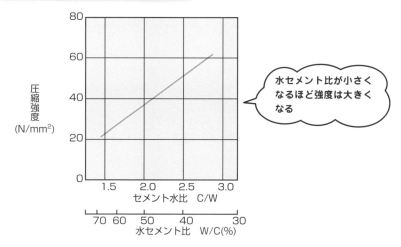

水セメント比が小さくなるほど強度は大きくなる

（参考：「コンクリート技術の要点'09」
日本コンクリート工学協会）

る（160kg/m³以下にする）ことは、なお望ましいことです。

❸単位セメント量

単位セメント量とは、生コン1m³を製造するのに用いられるセメント量のことです。セメント量が少ないと、セメントペーストを全体に行き渡らせることが難しくなるため、単位セメント量はあまり少なくならないようにすることが大切です。

通常ほとんど意識されることはありませんが、図3-2-6中段図のように、コンクリートの表層部は、内部に比べてセメント分の割合が多くなります。そのため、壁厚が薄くなる（同じ体積に対する表面積が増す）ほど、表面に行き渡らせるために必要なセメント量が増え、ガラス質（緻密なセメントの水和結晶）の層を均一につくるのが困難になります。つまり、壁が薄いほど、セメント量を増やす必要があります。私は壁厚18cmの場合、単位セメント量は320kg/m³程度以上とするのが望ましいと考えています。

❹空気量

生コンには通常、**AE剤**を用いて空気を連行させており、目標空気量4.5％が標準です。しかし、AE剤はもともと**凍結融解の抵抗性**を高めるためのものであり[22]（図3-2-6下図）、寒冷地ではない地域のコンクリートに、あえて空気を連行させる必要はないと私は考えています。空気を連行させるということは隙間をつくるということであり、それは私の考える理想的なコンクリート「密実なコンクリート」とは異なるためです。ちなみに高強度コンクリートでは空気連行に伴う強度低下を考慮し、目標空気量を2～3％とすることが多くなっています。連行空気は生コンの流動性向上にも寄与しますが、流動性を高めるだけであれば減水剤で十分です。AE剤を用いない場合、空気量は0.2～2.0％程度になります。

なお、AE剤を用いさえすれば**凍害**を受けないというわけではなく（施工が悪ければ凍害を受ける）、また、AE剤を用いなくても、水の少ない固い生コンを入念に施工し、硬化組織を緻密にすることができれば、水の浸入を防げるため、凍結融解の抵抗性は高まります。

我が国でAE剤が用いられるようになったのは第二次大戦後のことですが、それ以前に寒冷地に造られた構造物にも健全なものが少なからず残っています。このことは、耐凍害性がAE剤だけの問題ではないことを如実に物語っています。

＊22：凍害を　防止するため　連行する　空気の基準は　4.5％（バー）

発注者が指定できる事項② (3-2-6)

解説図5.6 単位水量と乾燥収縮率 (6か月) の関係

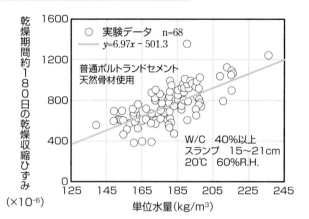

縦軸: 乾燥期間約180日の乾燥収縮ひずみ (×10⁻⁶)

横軸: 単位水量(kg/m³)

○ 実験データ n=68
$y=6.97x - 501.3$

普通ポルトランドセメント
天然骨材使用

W/C 40%以上
スランプ 15〜21cm
20℃ 60%R.H.

出典:JASS5

壁が薄いほどセメント量が多く必要となる

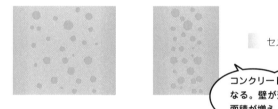

セメント分が多くなるところ

コンクリート表面付近はセメント分が多く
なる。壁が薄いほど単位体積当たりの表
面積が増え、多くのセメントが必要となる

コンクリートの凍害と空気量との関係

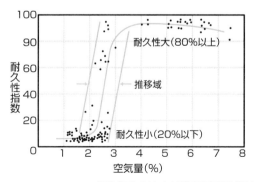

縦軸: 耐久性指数

横軸: 空気量(%)

耐久性大(80%以上)

推移域

耐久性小(20%以下)

出典:「コンクリート技術の要点'20」日本コンクリート工学協会

❺細骨材率

細骨材率とは、骨材の全体積に対する細骨材の体積の割合のことです。

JISには「発注者が指定できる事項」として明示されていませんが、**細骨材率**もコンクリートの品質に大きな影響を及ぼすため、注意が必要です。細骨材率を小さくした（砂利を多くした）生コンは、砂利が核となり、締め固める力が伝達されやすいため、バイブレータ作業を入念に行なうことで密実にすることができます。[23]
また砂利にはひび割れ幅が広がるのを拘束する役割も期待できます。昔は砂の倍の砂利を使用していたのが、現在は砂利よりも砂の使用量の方が多いこともあると言えば、現在のコンクリートがいかにモルタル量が多いかが分かると思います。私は、現在50%を超えることもある（図3-2-7のグラフより数%以上大きいのが普通）細骨材率を、40%以下とする提案ことをしています。

▶▶ 生コンの注文

通常、土木の場合は、設計基準強度を呼び強度として注文しています。一方、建築の場合は、品質基準強度に構造体強度補正値による強度の割り増しを行なった強度を呼び強度として注文しています。

呼び強度は標準養生（20±2℃の水中に入れておく）を行なったテストピースの強度を保証するものです。一方、躯体のコンクリートは、通常テストピースよりも悪い条件下にあり、テストピースの強度を下回っています。構造体強度補正値とは、その強度差を見込んで、構造体コンクリートが所定の時期に所要の強度に到達するように行なう強度の割り増しのことです。

したがって、テストピースで躯体のコンクリート強度を評価する場合（コア採取で確認する方法も示されていますが、通常はテストピースの強度で評価されています）、建築の場合は基準となる強度は設計上の強度ではなく、この割り増し後の強度（通常は呼び強度）になります。「テストピースが割り増し後の強度を満足していれば、躯体は設計上の強度を満足している」と考えるわけです。

なお、構造体温度補正値が気温によって異なるのは、気温が構造体の強度発現の仕方に影響を与えるためです。高温下では硬化コンクリートの品質自体が低下するため、それを補うために強度を上げる必要があり、低温下では品質こそ悪くなりませんが、硬化に時間がかかるため、硬化を速くするために強度を上げる必要があるのです。[20]

＊23：できるだけ　多くの砂利を　練り混ぜて　強い振動で　密度高める
＊20：コンクリの　強さの基本　水セメ比　季節によって　補正加えて

発注者が指定できる事項②（3-2-7）

砕石コンクリートの細骨材率

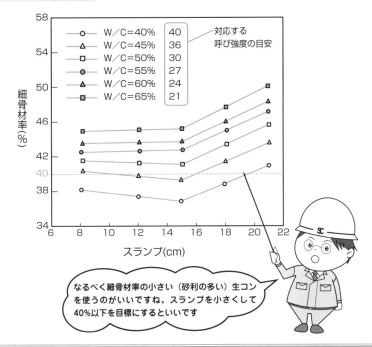

なるべく細骨材率の小さい（砂利の多い）生コンを使うのがいいですね。スランプを小さくして40%以下を目標にするといいです

生コンの注文（3-2-8）

構造体強度補正値の標準値（建築コンクリート）

セメントの種類	コンクリートの打込みから28日までの期間の予想平均気温	
早強ポルトランドセメント	5℃以上	0℃以上5℃未満
普通ポルトランドセメント	8℃以上	0℃以上8℃未満
高炉セメントB種	13℃以上	0℃以上13℃未満
構造体強度補正値(N/mm²)	3	6

＊暑中期間における構造体強度補正値は、6N/mm²とする。

＊表の見方：たとえば、普通ポルトランドセメントを使用する場合で、予想平均気温が6℃の場合（上表の水色の部分に相当）、補正値は6N/mm²となり、設計基準強度に＋6N/mm²した強度を呼び強度とする。

＊強度補正値：生コン工場が保証しているのは通常「テストピースの28日強度」であり、それよりも小さくなる傾向のある「構造体の91日強度」を所定の強度に達するようにするためには、強度を割増して注文する必要がある。そのような考え方から建築のコンクリートでは強度の割増を行っており、その割増強度を強度補正値という。

（出典：JASS5）

3-3

配合設計

同じ内容で生コンを注文しても、工場によって各材料の割合（配合）は異なります。それは、工場ごとに使用する材料やミキサの性能、品質管理能力等に差があるためです。各材料の混合割合は1m³当たりの質量で示されますが、この混合割合を決める作業を「配合設計」といいます。ここでは、配合設計の方法について解説します。

▶▶ 配合設計の方法

配合設計は大まかに次の①〜⑦の手順で行ないます。使用実績がない配合の場合は、このようにして求めた配合で**試験練り**を行ない、施工性などの生コン品質や硬化コンクリートの強度などが要求どおりのものとなっているかを確認します。改善が必要な場合には、配合を調整して、再度試験練りを行ない、所要の品質が得られるまで確認・調整を繰り返します。

❶最大粗骨材寸法の決定

部材等に応じた**最大粗骨材寸法**を決定します。

❷空気量、セメントの種類、スランプ

耐凍害性等を考慮して**空気量**を、硬化の速さや水和熱、化学抵抗性などを考慮して**セメント**の種類を、施工性を考慮して**スランプ**を決定します。

❸配合強度

呼び強度に工場の品質実績（**標準偏差**[*]、変動係数[*]）に基づく割増強度を加えたものを**配合強度**（目標強度）とします。

❹水セメント比

配合強度に対応した**水セメント比**を求めます。圧縮強度と水セメント比の関係は、使用する材料、ミキサの性能等により異なります。そのため生コン工場では、工場独自の**圧縮強度−セメント水比**（水セメント比の逆数）の関係式（直線で表される）を持っており、その式から所要の強度に対応する水セメント比を算出します。

---

[*] 標準偏差：平均値からのバラツキの大きさ。標準偏差が大きいほどバラツキは大きい。

[*] 変動係数：変動係数＝標準偏差÷平均値。平均値からのバラツキの度合い。変動係数を用いると、平均値の異なるデータのバラツキ方を比較できる。

配合設計の方法① (3-3-1)

配合設計例

例 $\begin{cases} 30-12-20N & \text{空気量 3\%} \quad \text{単位水量 170kg/m}^3\text{以下} \\ \text{水セメント比 50\%以下} & \text{細骨材率 40\%以下} \end{cases}$

> ただし
> セメントの密度：3.16g/cm³
> 細骨材の密度：2.65g/cm³
> 粗骨材の密度：2.65g/cm³ とする

❶ 最大粗骨材寸法　20mm

$$30 - 12 - 20N$$
呼び強度　スランプ　┃セメントの種類（普通ポルトランドセメント）
最大粗骨材寸法

❷ 空気量　3%

❸ 配合強度
┌工場の標準偏差
$$\underset{\text{呼び強度}}{30} + 2.5\underset{\text{割増強度}}{\sigma} = 30 + 2.5 \times 2.6 = 36.5$$

❹ 水セメント比

$$\sigma_{28} = -8.5 + 23\ \boxed{C/W}$$ ── セメント水比・（水セメント比の逆数（W/C））
└工場の配合強度とセメント水比の関係式

配合強度
$$36.5 = -8.5 \times 23C/W$$
$$\frac{45}{23} = C/W$$
$$W/C = \frac{23}{45} \fallingdotseq 0.51$$
〜〜〜〜〜〜〜〜〜〜
水セメント比 51%

条件の中に「水セメント比50%以下」があるので、ここでは50%とする

❺ 単位水量　170kg/m³とする

❻ 単位セメント量
$$W/C = 0.5 \quad . \quad W = 170(kg/m^3) \quad \text{より}$$
$$C = 340(kg/m^3)$$

○ 単位混和剤量
セメント量の1%　340×0.01＝3.4(kg/m³)

❼ 細骨材量・粗骨材量
細骨材率を40%とする
骨材の体積を求める
$$\underset{1m^3=1000\ell}{1000} - (\underset{\text{水}}{170} + \underset{\text{セメント}}{\frac{340}{3.16}} + \underset{\text{空気}}{30}) = \underset{\text{骨材全体の体積}}{692}$$

細骨材率というのは骨材全体の体積に対する細骨材の体積の割合であるから
細骨材の体積は
$$692 \times \underset{\text{細骨材率}}{0.4} \fallingdotseq 277$$

粗骨材の体積は
$$692 \times (1 - 0.4) \fallingdotseq 415$$

単位細骨材の質量は　$277 \times \underset{\text{細骨材の密度}}{2.65} \fallingdotseq 734(kg/m^3)$

単位粗骨材の質量は　$415 \times \underset{\text{粗骨材の密度}}{2.65} \fallingdotseq 1100(kg/m^3)$

水セメント比	細骨材率	水	セメント	砂	砂利	混和剤
50 %	40 %	170 kg/m³	340 kg/m³	734 kg/m³	1100 kg/m³	3.4 kg/m³

第3章　生コンクリート

❺単位水量

所要の品質が得られる範囲で、できるだけ少なく**単位水量**を定めるのが基本です。

❻単位セメント量

水セメント比、単位水量から**単位セメント量**を求めます。

なお、混和剤の量は、工場の実績を元にセメント量に対する割合から算出します。

❼単位細骨材量、単位粗骨材量

まず骨材全体の体積を求め、続いて細骨材、粗骨材の体積を求め、それらにそれぞれの密度を掛け合わることで**単位細骨材量**、**単位粗骨材量**を算出します。

骨材全体の体積は、生コン1m³中の空気、水、セメントの合計体積を算出し、1m³から引き算することで、細骨材の体積は、骨材全体の体積に**細骨材率**を掛け合わせることで、粗骨材の体積は、骨材全体の体積から細骨材の体積を引き算することで求めます。なお、細骨材率からではなく、**単位粗骨材かさ容積**から、細粗骨材の量を求める方法もあります。

COLUMN 粗骨材を多く用いる配合が理想

　砂利を型枠内に目いっぱい詰め込み、その隙間に砂を、さらにその隙間にセメントペーストを隙間なく充填することができたとします。そうすれば、耐久性の高い砂利の量が多くなり、なおかつ高価なセメントの使用量を減らすことができるため、耐久的でしかも経済的なコンクリートとなります。理想的な配合はこのときの各材料の割合と考えることができます。

　現実には、型枠の形状であったり、型枠内に鉄筋、セパレータ、電気配管などの埋設物が存在するため、そのような配合を採用することには無理があります。そこでそれよりも施工しやすい、モルタル分を増やした生コンが使用されています。

そのこと自体は妥当なことですが、本来どのような配合の生コンが望ましいのか、ということが意識されず、単に「型枠環境に合わせた生コンを選べばよい」とだけ考えたらどうなるでしょうか。現在は実際そのような状況にあるわけですが、結果としてモルタル分の多い、ひび割れやすい配合が当たり前のように使われています。

　耐久的なコンクリートをつくるには、型枠に合わせて生コンを選ぶだけでなく、生コンに合わせて型枠を工夫することも大切です。私は、ポンプ工法を採用した建築構造物では、細骨材率38%を目標に、土木構造物の打設でバケット工法を採用した場合は、細骨材率35%を目標にして、配合を考えることを提案しています。

配合設計の方法②（3-3-2）

単位粗骨材かさ容積

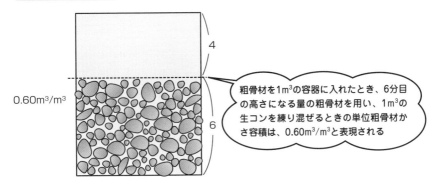

0.60m³/m³

4

6

粗骨材を1m³の容器に入れたとき、6分目の高さになる量の粗骨材を用い、1m³の生コンを練り混ぜるときの単位粗骨材かさ容積は、0.60m³/m³と表現される

普通骨材コンクリートの配合設計参考表

粗骨材の最大寸法 (mm)	単位粗骨材容積 (%)	空気量 (%)	AE剤を用いる場合		AE減水剤を用いる場合	
			細骨材率s/a (%)	単位水量W (kg/m³)	細骨材率s/a (%)	単位水量W (kg/m³)
15	58	7.0	47	180	48	170
20	62	6.0	44	175	45	165
25	67	5.0	42	170	43	160
40	72	4.5	39	165	40	155

この表に示す値は、骨材として普通の粒度の砂(粗粒率2.80程度)および砕石を用いたコンクリートに対するものである。

使用材料あるいはコンクリートの品質の違いに対する細骨材率および単位水量の補正の目安

区　分	s/aの補正(%)	Wの補正
砂の粗粒率が0.1だけ大きい(小さい)ごとに	0.5だけ大きく(小さく)する。	補正しない。
スランプが1cmだけ大きい(小さい)ごとに	補正しない。	1.2%だけ大きく(小さく)する。
空気量が1%だけ大きい(小さい)ごとに	0.5〜1だけ小さく(大きく)する。	3%だけ小さく(大きく)する。
水セメント比が0.05大きい(小さい)ごとに	1だけ大きく(小さく)する。	補正しない。
s/aが1%大きい(小さい)ごとに	————	1.5kgだけ大きく(小さく)する。
川砂利を用いる場合	3〜5だけ小さくする。	9〜15kgだけ小さくする。

* なお、単位粗骨材かさ容積による場合は、砂の粗粒率が0.1だけ大きい(小さい)ごとに単位粗骨材かさ容積を1%だけ小さく(大きく)する。

（出典：コンクリート示方書）

▶▶ 一般的な生コンの配合

　コンクリートは要求される品質・性能によって、材料の混合割合（**配合**）が大きく異なります。建築で用いられる「呼び強度30、スランプ18cm」の生コン、土木で用いられる「呼び強度24、スランプ8cm」の生コン、さらに「呼び強57、フロー50cm」の高強度コンクリートの配合例を図3-3-3に示します。

　建築では、**電気配管**や鉄筋が込み入った壁に、空洞などを生じさせずに生コンを行き渡らせるために、柔らかい（スランプが大きい）生コンが好まれています（その結果ひび割れを防止できずにいます）。一方、土木では、部材の断面が大きく施工しやすいことが多いことから、建築よりも水が少なく砂利の多い、固い生コンが標準的に用いられています。

　なお、近年は混和剤の進歩により、水を増やさずに流動性を高めることもできるようになっています。しかし、型枠の中に詰め込むように打設するためには、やはりスランプの小さい固い生コンの使用が基本であると私は考えています。

COLUMN　バケツが持ち上がる！？

　バケツに生コンを入れ、そこにバイブレータを挿入して数十秒振動を与えた後、バイブレータのスイッチを切ります。そのままバイブレータを引き上げると、バケツごと持ち上がります。バケツの中の生コンが密実に締め固められるためです。

　ただし、これができる生コンとバイブレータには条件があります。生コンは、水が少なく、砂利の多い、スランプの小さなものを、バイブレータは振動力の強い、口径50mmのものを用いる必要があります。

　砂利が多く、スランプの小さい生コンは、振動を与えることで砂利が噛み込むため、バイブレータを引き抜いた直後でも、スコップがなかなか入らないほど締め固められることがあります。一方、モルタル分の多い柔らかい生コンは、振動力を与えても分離するだけで密実にすることはできません。

　これはもちろんバケツだけの話ではなく、構造体のコンクリートでも同じことです。砂利の多い固い生コンを入念に締め固めたコンクリートの耐久性が高いのは、当然のことなのです。

▲生コンを入れたバケツをバイブレータで持ち上げているところ

一般的な生コンの配合（3-3-3）

生コン配合例

使用配合	水セメント比(%)	細骨材率(%)	水(kg/m³)	セメント(kg/m³)	細骨材(kg/m³)	粗骨材(kg/m³)	混和剤(kg/m³)
❶ 24-8-25BB	58.2	42.0	162	278	775	1079	2.79
❷ 30-18-20N	49.8	48.0	178	357	838	915	3.66
❸ 57-50-20L	32.0	45.0	170	531	733	903	3.90

❶ 呼び強度24・スランプ8cm・粗骨材の最大寸法25mm・高炉セメントB種
❷ 呼び強度30・スランプ18cm・粗骨材の最大寸法20mm・普通ポルトランドセメント
❸ 呼び強度57・スランプフロー50cm・粗骨材の最大寸法20mm・低熱ポルトランドセメント

▲スランプ 8cm

▲スランプ 18cm

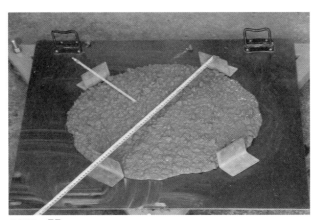
▲フロー 55cm

3-4

生コン工場

　生コン工場には、優れた品質の生コンを安定的に製造し現場に納入することだけでなく、生コンの製造に伴って排出する廃棄物を適切に処分することも求められています。工場にはそのためのさまざまな設備があり、工場技術者によって運用、管理されています。ここでは、生コン工場の概要について説明します。

▶▶ 生コン工場の概要

　生コン工場は、基本的に材料の貯蔵、搬送、計量、練り混ぜを行なう設備と、ミキサ等の洗浄排水を処理する設備からなっています。工場ごとに敷地条件などが異なるため、材料の搬送方法などに独自の工夫を凝らしています。

　搬送、計量、練り混ぜといった設備に異常が生じると、生コンの製造ができなくなるため、日常的な設備の点検整備が非常に重要であり、また、安定した品質の生コンを出荷（納入）するために、技術者には品質の変動要因を把握し、改善するための技術力が求められています。

▶▶ 材料受け入れ及び貯蔵設備

　一般的に骨材は、砂利、砂とも**グランドホッパ**※に荷卸しされるか、**骨材ヤード**に直接荷卸しされます。グランドホッパに荷卸しされる場合、骨材はベルトコンベアによって**骨材サイロ**（骨材貯蔵槽）まで搬送され、そこに種類ごとに貯蔵されます。

　セメントは通常、**セメントバラ車**で入荷されます。伝票によって銘柄や入荷量を確認した後、配管によって空気圧送で直接、**サイロ**に搬送されます。

　水は、水道水や工業用水は導水管によって、地下水はポンプでくみ上げられ、貯水槽に溜められます。回収水は固形分を除去したのち、別途、貯水されます。

　混和剤は、タンクローリー、ドラム缶、ペール缶などで入荷され、種類ごとに貯蔵タンクに保管されます。

▶▶ 搬送設備

　工場内の各材料の搬送は、骨材は**ベルトコンベア**によって、その他の粉体や液体は配管によって行なわれています。ベルトコンベア、ローラ、各種配管類の点検は

※グランドホッパ：鋼製の目の粗い網の置かれたホッパ。

生コン工場の概要（3-4-1）

貯蔵設備 → 搬送設備 → 計量設備 → 練り混ぜ設備 → 運搬 → 洗車・排水処理設備　　製造　　出荷　　試験室

▲骨材サイロ

▲骨材ストックヤード

▲セメントサイロ

▲混和剤タンク

非常に重要で、点検頻度を定めて管理することにより、生コンの製造に支障を来たすような大きなトラブルを未然に防ぐようにしています。

▶▶ 計量設備

計量は通常、**ロードセル**によって行なわれています。ロードセルとは、計量槽に材料を投入したときの計量器のひずみを電気信号に変換して計量する装置です。

計量槽は鋼板でできていますが、砂利の計量槽は摩耗しやすいため、普通はクッション材を取り付けており、また、砂は計量槽の内部に付着しやすいため、滑り落ちやすい材質の板を張り付けるなどの工夫をこらしています。セメントの計量槽への投入、計量槽からの排出の際には、粉塵（ふんじん）が発生するため、計量室には集塵（しゅうじん）装置が不可欠です。

なお、水、セメントは**計量誤差**±1%以内、混和材は±2%以内、骨材、混和剤は±3%以内で計量するよう、JISで定められています。

COLUMN　ベルトが切れると一大事

ベルトコンベアのローラは、正常なものはベルトの移動とともにスムーズにクルクルと回転しています。しかし、中には、回転しないままベルトと接触し続けているものもあります。そのようなローラがベルトとの摩擦によって徐々に削られて行くと、刃物を研いだような鋭利な状態になり、やがてベルトを縦に切り裂くことも

あります。そうなれば、もちろん出荷は停止し、ベルトは買い換えなければなりません。骨材の搬送中にベルトが切れた場合には、付随するさまざまな後処理も必要となります。

こうした事態を未然に防ぐためには、ローラの日常点検が大切になります。私が生コン工場にいたころは、ローラの一つひとつにナンバリングして管理を行なっていました。問題が起きる箇所は大抵決まっているため、そこを中心に確認することで、効率的に管理していたわけです。

▲回転しないままベルトと接触し続けたことで摩耗したベルトコンベアのローラ

搬送設備（3-4-2）

▲ベルトコンベア外観

骨材サイロから
骨材を引き出し
ベルトコンベア
で搬送する

きつい傾斜の
あるところも
荷こぼれなく
搬送できる

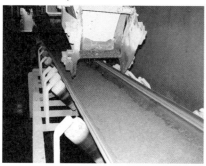

▲引き出しベルコン

▲サイドウォール付きのベルトコンベア

計量設備（3-4-3）

計量誤差（JIS A 5308）および一般的な最小計量値

材料の種類	1回計量分量の計量誤差(%)	一般的な最小計量値(kg)
セメント	±1	1
骨材	±3	5
水	±1	0.5
混和材＊	±2	1
混和剤	±3	0.02

＊高炉スラグ微粉末の計量誤差は1回計量分量に対し±1%とする

▶▶ 練り混ぜ設備

ミキサ車のドラムが回転していることから、生コンの練り混ぜはミキサ車で行なわれていると思っている方もいるようです。しかし、ミキサ車のドラムを回転させているのは、運搬中の生コンの材料分離や硬化を防ぐためであり、練り混ぜは工場内の**ミキサ**で行なわれています。[*24]

基本的に練り混ぜで求められることは、短時間で材料を均一に混ぜ合わせることです。ミキサの性能や生コンの配合によって異なりますが、均一に材料が混ざるまでに要する時間は通常、30秒〜1分程度のことが多いようです。高強度コンクリートのように、セメント量が多く、モチモチした粘性の高い生コンは、1回の練り混ぜ量を減らしたうえで、練り混ぜ時間を長くする必要があります。

生コン工場のミキサで、一度に練り混ぜることのできる量は1.5〜3m^{3}が一般的です。そのため、大型の生コン車（積載量4〜5m^3）に積み込む場合は、通常数回に分けて練り混ぜを行なっています。1回で1台分を練る方が効率的でよさそうにも思えますが、複数回に分けて練った方がバラつきは小さくなります。

ミキサの種類としては、**重力式**（可傾式）、**強制式**（パン型、パグミル型）があり、大まかな特徴は次のとおりです。

❶重力式ミキサ

ドラム自体を回転させて、ドラム内に固定された羽根で生コンをすくい、重力で落下させることにより材料を混ぜ合わせるミキサです。

練り混ぜる力が弱く、強制式のミキサと比べて練り混ぜに時間を要するため、現在はあまり見られなくなりましたが、以前は最も普及していたタイプのミキサです。

❷強制式ミキサ

ドラム内で羽根を回転させることにより、強制的に材料を混ぜ合わせるミキサです。回転軸が鉛直のパン型と水平のパグミル型（1軸式、2軸式）があります。現在最も普及しているのはパグミル型の**2軸強制練りミキサ**で、効率的な練り混ぜを行なえるよう羽根の形状に工夫を凝らしたものも開発されています。重力式ミキサに比べ練り混ぜ性能が高く、短時間での練り混ぜが可能です。その一方で羽根の摩耗が早いため、設備の維持にお金がかかります。

*24：生コンは　プラントミキサで　練り混ぜて　運搬するのが　あの生コン車

練り混ぜ設備（3-4-4）

可傾式（重力式）ミキサ

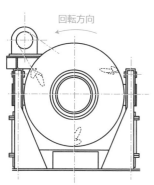

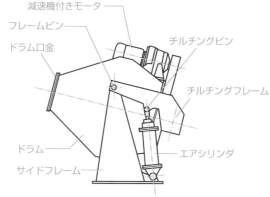

回転方向

減速機付きモータ
フレームピン
チルチングピン
ドラム口金
チルチングフレーム
ドラム
サイドフレーム
エアシリンダ

パン型強制式ミキサ

ライナ
混練アーム
混練羽根
緩衝装置
駆動モータ
排出ゲート
主軸　減速機　カップリング

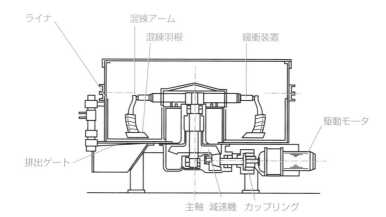

パグミル型二軸強制式ミキサ

混練羽根
混練アーム

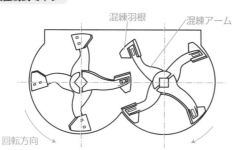

回転方向

（参考：「生コン工場の設備と監理」技術書院）

基本的に練り混ぜ性能の優れたミキサほど、少ない水量で練り混ぜることが可能です。しかし、少ない水で練り混ぜた生コンは運搬中のスランプの低下が大きい（早く固くなる）傾向があるため、水を少なくしすぎないように注意する必要があります。

▶▶ 運搬

ドラム内部に雨水が入ったり、生コン中の水分が蒸発したりするのを防ぐために、ホッパにはカバーを取り付けるのが一般的です。また夏場の生コン温度上昇防止策のひとつとして、ドラム全体を水を含ませた吸湿性のカバーで覆い、気化熱でドラムの温度を下げ、生コンの温度が上昇しないようにすることもあります（図3-4-5）。

▶▶ 洗車・排水処理設備

生コン車のミキサドラムは、生コンを運搬すると内部に生コンが付着するため、運搬後には洗浄を行なうことが欠かせません。一般的には、ミキサドラムに水を入れて高速かくはんすることで洗浄します。

洗浄排水には骨材やセメント分が含まれており、処理にあたってはこれらを分離します。まずフルイ目を通して水に含まれる骨材を砂利と砂に分けて除去し、次にろ布などを用いてセメントや骨材の汚れ分などの微粒子（**スラッジ**）を除きます。骨材やスラッジを除去した後の水は一部、洗浄用水や練り水として再利用されています。

スラッジは、硬化させてセメントの原料として再利用されることもありますが、多くの工場では産業廃棄物として廃棄処理しています。スラッジを除去した後の水はアルカリ性が非常に強いため、廃棄する場合は強酸を用いて中和処理を行なうことが欠かせません。

このような工程は大掛かりな機械設備を要しますが、生コン品質に影響するものではないため軽視されがちで、それだけに、逆に廃水処理設備の管理が行き届いている工場は、生コンの品質管理も行き届いている傾向があるようです。

なお、建設現場で余ったり試験が不合格になったりして工場に戻された生コン（**残コン、戻りコン**）は、洗車設備の規模が大きい工場では通常の洗車と同様に洗浄処理できますが、設備の規模が小さい場合は処理し切れないことがあります。その場合は、生コンを工場内の残土置き場などに薄く広げて固まらせ、後日ショベルカーなどでめくりとるなどして処理しています。

運搬（3-4-5）

吸湿性カバー

ホッパーカバー

▲ミキサ車

洗車・排水処理設備（3-4-6）

▲洗車場

砂

砂利

▲洗浄廃水から取り出した骨材

▶▶ 製造

　材料の計量や練り混ぜは、現在は遠隔操作で行なわれるのが普通ですが、膨張材などを別途手計量し、ミキサに直接投入することもあります。計量の際は、試験で確認した砂の**表面水率**を設定値として入力し、水と砂の計量値を補正します。砂利の表面水についても計量値の補正は行ないますが、砂利に付着する水は量が少なく変動が小さいため、通常固定値としています。

　ミキサ内の生コンの状態は、カメラを通して目視により確認できるようになっていますが、ミキサの電流計（**アンメータ**）からもある程度わかります（図3-4-7右写真）。電流は練り混ぜが進むにつれ次第に大きくなり、ピークを越えると今度は次第に小さくなり安定していきます。電流が安定するということはミキサの負荷が一定になるということであり、生コンが練り上がったことを示しています。

▶▶ 出荷

　生コンの出荷は、現場の希望を考慮して作成した**出荷計画**に基づいて行なわれています。**ミキサ車**の台数は限られているため、各現場でミキサ車のムダな待機がないようにやりくりする必要があり、出荷担当者は現場の作業状況や渋滞状況などにも配慮しながら臨機応変に対応しています。ミキサ車の状況確認には、無線や携帯電話、**GPS**などが用いられています（図3-4-8）。

▶▶ 試験室

　品質の優れた生コンを安定的に製造・出荷するためには、コンクリートの性質に関する幅広い知識と経験が必要です。**コンクリート技士**、**コンクリート主任技士**などの資格は、これらの有無を判断する目安となります。高い技術力を有する生コン工場からは、安定した品質の生コンを入手できるだけでなく、施工方法についてのアドバイスも期待できます。

▶▶ 経営

　生コン工場の経営には、セメントや骨材、混和剤などの材料費のほか、製造管理費、設備維持費、輸送費、人件費などの経費がかかります。品質の優れた生コンを安定的に出荷するためには、それなりの費用がかかるわけですが、価格競争の下、異常ともいえる安値で取引されていることもあるようです。

　生コン工場を選ぶ際、生コンの価格が決め手とされることが少なくありません。しかし、**適正価格**で購入されていない、価格の安い生コンほど、材料の品質についての懸念が高まります。生コン発注者には是非とも価格ではなく、コンクリート品質を第一に考え、設備の管理状況なども確認したうえで工場を選定していただきたいものです。

製造（3-4-7）

▲材料の計量から生コン車への積み込みまでオペレータが確認

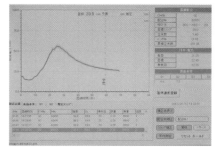

▲電流の安定から生コンの練り上がりを確認

出荷（3-4-8）

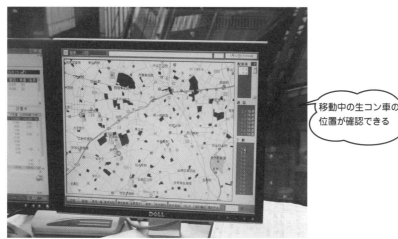

移動中の生コン車の位置が確認できる

▲ GPS を利用した配車管理

3-5

試験・検査

　生コン工場では、適正な品質の材料を入荷するための「受け入れ検査」、生コンを製造する際に品質のバラツキを小さくするための「工程検査」、納品した生コンの品質確認のための「製品検査」など、さまざまな試験・検査を行なっています。ここでは、生コンの品質変動要因、および各種の試験・検査について紹介します。

▶▶ 生コンの品質変動要因

　生コンの品質が変動する主な要因は、以下のとおりです。

❶ 砂の表面水率

　砂の表面水率の変動は、スランプ変動の最大の要因です。

　骨材は、吸水もせず、表面に水が付着もしていない状態（表乾状態）を計量の基準としています。したがって、砂の表面に付着している水（**表面水**）は、「練り混ぜに用いる水の一部」と考えます。砂の質量に対する表面水の質量の割合（**表面水率**）を確認し、計量する水の量を補正する必要があるわけです。貯蔵中の砂の表面水は、砂の隙間をぬって下方へ移動するため、表面水率は絶えず変動しています。変動が大きい場合、計量する水の量の補正が正しく行なえなくなるため、結果として生コンのスランプは大きく変動します。

❷ 骨材の粒度

　骨材の**粒度**（粒の大きさの分布）が変わると、骨材の表面積が変わります。例えば径の大きな骨材が増えると、同量でも表面積は小さくなります。結果として、付着するペースト分の量が変わることにより、生コンの流動性に変化が生じます。

　砂利は貯蔵量が減ってくると、サイロから引き出すときに大小粒が分離する傾向があり、大粒の砂利ばかりが極端に多く出てくることがある（図3-5-1下図）ため、貯蔵方法、引き出し方法を工夫する必要があります。

　また、安価な骨材には粒度の不安定なものがあるため注意が必要です。とくに生コンを安く販売している工場の場合、良い材料を使おうとしているのかは疑わしく、品質変動の不安が大きいといえます。

生コンの品質変動要因①（3-5-1）

砂の表面水率

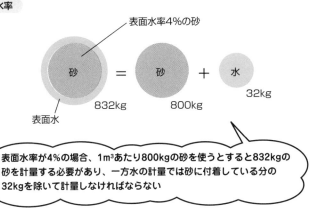

表面水率4%の砂
砂 ＝ 砂 ＋ 水
832kg　800kg　32kg
表面水

表面水率が4%の場合、1m³あたり800kgの砂を使うとすると832kgの砂を計量する必要があり、一方水の計量では砂に付着している分の32kgを除いて計量しなければならない

サイロから引き出す際の砂利の分離

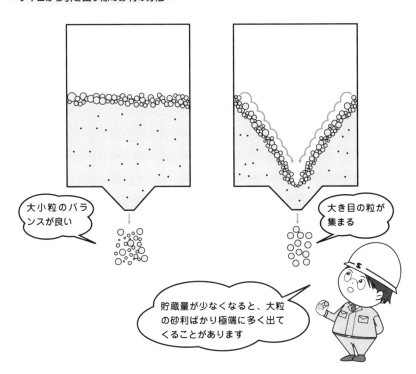

大小粒のバランスが良い

大き目の粒が集まる

貯蔵量が少なくなると、大粒の砂利ばかり極端に多く出てくることがあります

❸ミキサ車

生コン運搬後、新たに生コンを積み込む前には、ドラムの洗浄を行ないます。このとき洗浄水の排出が十分でないと、後から積み込む生コンに洗浄残水が混ざることになります。あまり意識されていないようですが、**洗浄残水**は、多い時には一輪車一杯（50ℓ以上）にもなることがあり、生コンの品質変動の大きな原因になっています。

また、ミキサ車のドラム内部（とくに羽根の裏側）にはコンクリートが付着しやすく、放っておくと、付着したコンクリートはどんどん大きくなっていきます。そこで生コン工場では、ドラム内部の付着コンクリートの除去作業を行なっていますが、その頻度は付着量に対して不十分であることが多いようです。ドラム内部に付着したコンクリートは、生コン中のセメントペースト分を吸着することにより、スランプの低下や強度低下の原因となります。

❹温度

温度が高いほどスランプは小さくなり、空気量は少なくなる傾向があります。また、温度が高いと水和反応が速くなる（早く固まる）とともに、水分の蒸発が激しくなるため、練り混ぜ後の時間の経過に伴うスランプの低下が早まります。

▶▶ 原材料の受け入れ検査

生コンの原材料の品質はJISで定められていますが、材料の受け入れのたびに試験を行なっているわけではなく、目視検査や伝票での確認が主となっています。原材料の**受け入れ検査**の項目と方法は、図3-5-1のとおりです。

コンクリートの硬化のモトであるセメントについても、伝票の確認のみで受け入れるのが普通になっていますが、セメントの品質変動は実はそれほど小さくなく、またそれはコンクリート強度の変動に直結するものであり、注意が必要です。

▶▶ 工程検査

JIS工場[*]は、生コン品質の変動を小さくするために、製造工程においてさまざまな試験を所定の頻度、方法で行なうよう定められています。以下にその代表的なものを示します。

---

[*] JIS工場：JIS認証品の生コンを製造する工場。

生コンの品質変動要因②（3-5-2）

ミキサ車ドラム内部のコンクリートの付着

◀ミキサ車ドラム内部

奥の羽根にコ
ンクリートが
付着している

原材料の受け入れ検査（3-5-3）

材料の受け入れ検査項目と検査方法

材料名		検査項目	検査方法
セメント		銘柄(伝票)	伝票で確認する
		新鮮度	試料を採取して温度を測定する
		量目	台貫で計量する
細骨材		銘柄	伝票で確認する
		産地	伝票で確認する
		量目	台貫で計量する　検尺で体積を実測する　伝票で確認する
		粒形、粒度	見本と比較する　試料を採取してふるい分けする
		汚れ	見本と比較する
		濡れ具合	見本と比較する
粗骨材		銘柄	伝票で確認する
		産地	伝票で確認する
		量目	台貫で計量する　検尺で体積を実測する　伝票で確認する
		粒形、粒度	見本と比較する　試料を採取してふるい分け、実積率等を試験する
		汚れ	見本と比較する
混和剤		銘柄	伝票で確認する
		量目	伝票で確認する
混和材		銘柄	伝票で確認する
		量目	伝票で確認する
水	上水以外	水質	定期的に試験する
	回収水	濃度	試料を採取してスラッジ固形分率を日々測定する

❶砂（細骨材）の表面水率試験

砂の**表面水率**の変動（スランプ等に影響を及ぼす）を考慮して、**表面水率試験**は、1日2回以上行なうことになっています。通常表面水率3～8％程度の砂が用いられていますが、変動が大きい場合、1日の間に2％程度表面水率が変動する（出荷が連続して行なわれないと、変動は大きくなる）こともあり、その場合1日2回の試験では到底表面水率を正確に把握することはできません。一般的には、試験回数は1日3回の工場が多く、それに加えて生コンの練り上がり状態に応じて、製造担当者が砂の表面水率の設定値を変えることで対応しています。なお、現在は、試験器具を用いた試験と機械による連続的な計測を併用している工場も増えています。ちなみに、砂を手で握ったときの感覚で表面水率を推定することも可能で、慣れてくれば±0.5％程度の誤差で推定できるようになります。

❷砂（細骨材）のふるい分け試験

砂の**粒度**の変動（スランプ等に影響を及ぼす）を考慮して、**ふるい分け試験**は、1日1回以上実施することになっています。しかし、1日に使用する砂の量（工場の規模にもよるが、数百t程度）に比べ、ごく少量の試料（せいぜい1kg程度）の試験結果によって配合の修正を行なうことは、理にかなっているとは言い難いものがあります。

砂のふるい分け試験は非常に手間がかかるものであり、また、スランプの変動に与える影響は砂の表面水率の変動によるものの方が圧倒的に大きいため、砂のふるい分け試験はそれほど頻繁に行なう必要はないと私は思っています。

❸砂利（粗骨材）のふるい分け試験（または実積率試験）

砂利の**粗粒率**や**実積率**の変動（スランプ等に影響を及ぼす）を考慮して、生コン工場では、砂利のふるい分け試験（または実積率試験）を1週間に1回以上実施することになっています。しかし、砂のふるい分け試験と同様の理由で、砂利のふるい分け試験の頻度についても、それほど多くなくてもよいのではないかと私は思っています。

❹スランプ試験

スランプは生コンの状態を評価するうえで非常に重要です。すべての練り混ぜに

工程検査（3-5-4）

工程検査における管理項目と検査頻度・管理基準（例）

	管理項目	検査頻度	管理基準			
骨材	粗粒率	1回/日	細骨材	2.70±0.20		
		必要時	粗骨材	6.50±0.20		
	表面水率	2回/日	細骨材	8%以下		
		降雨時	粗骨材	2%以下		
	実積率	1回/週 必要時	粗骨材	61.0±2.0		
コンクリート	スランプ	目視: 全バッチ	指定値（cm）	許容範囲（cm）		
			8以上18以下	常用	+1.0*	±2.5
			18を超えるもの			±1.5
		実測: 2回/日	8以上18以下	夏季	+2.5*	±2.5
			18を超えるもの			±1.5
	空気量	実測: 2回/日	種類	許容範囲（%）		
			普通コンクリート	4.5+0.5*		±1.5
				指定値+0.5*		±1.5
	圧縮強度	1回/日	呼び強度の強度値以上			
	容積	1回/月	納入書記載量の1.005～1.035			
	塩化物量	1回/日	0.30kg/m³以下			
	温度	1回/日	5～35℃			
動荷重	動荷重	1回/月	計量器	誤差範囲		
			水・セメント	±1%		
			細骨材・粗骨材・混和剤	±3%		

＊運搬中のスランプ、空気量の低下を見込んだ工場出荷時の割増し

表面水率の変動を把握するのが一番大切ですね。練り混ぜごとに自動で測定している工場もあります

第3章 生コンクリート

対して製造担当者（**オペレーター**）が目視等で簡易に確認するとともに、1日に2回以上**スランプ試験**を実施することになっています。

簡易的な確認方法としては、練り混ぜ時の電流計の値をスランプ値に置き換えたスランプモニタのほか、ミキサから貯留ホッパ[*]へ排出する際の生コンのはね具合、表面の照り具合も参考になります。

なお、生コン練り上がり時のスランプの目標値は、運搬中にスランプが低下する（固くなる）ことを考慮して、注文よりも通常1〜2cm程度大きめ（柔らかめ）とするのが普通です。

❺空気量試験

空気量もスランプ値同様、生コンの状態を評価するうえで非常に重要です。**空気量試験**は1日に2回以上実施することになっています。

練り上がり時の空気量の目標値は、運搬中に空気が逃げることを考慮して、注文よりも通常0.5〜1.0%程度多めとするのが普通です。

❻塩化物量試験

塩化物量はコンクリートに埋設した鋼材（鉄筋、鉄骨、埋設金具など）の腐食を防止するために上限が定められています。海砂など、塩化物がとくに多く含まれている砂ではない、一般の砂を使用する場合には、1年に1回以上、海砂などの場合は1週間に1回以上試験することになっています。

▶▶ 製品検査

JISでは、納品した生コンの**品質保証**を目的として、所定の頻度で図3-5-5の検査を行なうことを定めています。ミキサ車から試料となる生コンを採取する方法も定められており、「30秒間高速かくはんした後、最初に排出される50〜100ℓを除き、その後のコンクリートの流れの全断面から採取する」ことになっています。必ずしもそのとおりに試料は採取されていませんが、以前より過積載に対する取り締まりが厳しくなった結果生コンの積載量が少なくなり、ドラム内の生コンの品質のバラツキが小さくなっている現在、試料の採取方法についてはそれほど気にしなくてもよいと、私は思っています。

---

[*]貯留ホッパ：練り混ぜ完了後ミキサから排出した生コンを一時的に貯めるホッパ。練り混ぜ量、生コンの状態を確認できる。

製品検査 (3-5-5)

製品検査項目と頻度、判定基準

検査項目	検査頻度	判定基準		
スランプ 及び スランプフロー	原則として 1回/150m³ 高強度コンクリートは 1回/100m³	**指定値（cm）**	**許容範囲（cm）**	
		8以上18以下	±2.5	
		21	±1.5*	
		フロー45、50 及び55	±7.5	
		フロー60	±10	
		種類	**空気量（%）**	**許容範囲（%）**
空気量		普通コンクリート	4.5	±1.5
塩化物量		0.30kg/m³ 以下		
圧縮強度		1）1回の試験結果は購入者が指定した呼び強度の強度値の85%以上であること 2）3回の試験結果の平均は購入者が指定した呼び強度の強度値以上であること		

＊呼び強度27以上で、高性能AE減水剤を使用する場合は±2とする。
（参考：JIS A 5308）

▲製品検査

Q : 生コンに加水することがあるって本当ですか？

A : テレビの影響で、今も生コンに対する加水が少なからず行なわれているかのような印象をお持ちの方もいるかもしれません。しかし現在は、現場で加水が行なわれるのはごくまれなことです。そもそも、加水が行なわれるようになったのは、昭和40年代以降、ポンプ工法が広く採用されるようになるにともない、配管を詰まらせにくい流動性の高い生コンが求められるようになったことによります。

生コンに加水すると強度、耐久性を著しく損ねるおそれがあり、現在は、その危険性が認識されるようになったことで、加水はほとんど行なわれなくなりました。ポンプ車の性能が向上して以前よりも固い生コンを圧送できるようになったこと、薬品（流動化剤）で生コンを柔らかくできるようになったことも一役買っています。現場監督員が不在の住宅基礎などの打設では、いまだに加水されることもあるかもしれませんが…

なお、ポンプ工法の普及にともない、ポンプ配管を通りやすいように砂利を少なくした生コン配合は、今もそのままです。密実なコンクリートを造るためには砂利の多い生コンを使うことが不可欠です。ポンプ車の圧送性能が向上した現在、砂利の多い配合の打設にも挑戦してもらいたいものです。

Q : コンクリートは火災にあうとどうなりますか？

A : 火災にあったコンクリートは通常、コンクリート表面の状態、色からある程度まで受熱温度を判断することができます。300℃未満では、表面にすすが付く程度、300〜600℃ではピンク色、600〜950℃では灰白色、950〜1,200℃では淡黄色、1,200℃以上では溶融すると言われています。

温度が何℃まで上昇したかによって品質の低下の仕方は異なり、一般に500℃が再使用できるかどうかの限度の目安になるとされています。500℃まで温度上昇したコンクリートは、受熱後1ヵ月程度では元の強度の50%程度ですが、時間が経過するに伴い強度は回復し、1年後には元の強度の90%程度まで戻ると言われています。

なお、火災時に表層部のコンクリートが剥落する「爆裂」と呼ばれる現象が起きることがあります。これは、コンクリート中の水分が水蒸気になる際の体積膨張によるもので、硬化組織が緻密であるために水蒸気の逃げ場がない高強度コンクリートにおいて生じやすい現象です。現在は爆裂対策として、80N/mm² 程度以上のコンクリートには、ポリプロピレン等の繊維を混入するのが標準的となっています。繊維は高温時に溶けることで、水蒸気の逃げ道となります。

コンクリートの施工

　コンクリート工事の各工程は、本来、互いに密接な関わりの
あるものです。しかし現在は、分業化が進み、それぞれの作
業がやりいいように行なわれる傾向があります。そのような状
況で、品質の優れたコンクリートをつくるのは無理な話です。
これを改めるためには、施主を含めた工事関係者が品質意識
を統一し、工事全体の中での各作業の位置づけを確認し直す
ことが欠かせません。

　本章では、コンクリート工事の計画、鉄筋・型枠工事、打設、
養生の要点について解説します。

4-1

コンクリート工事の計画

現在、多くのコンクリート工事では、品質よりも、安く、早く造ることが強く求められているようです。そのような状況では、本来必要な作業でも、効果が見えにくいものは行なわれなくなっても不思議なことではありません。ここでは、高耐久のコンクリートをつくるために、計画段階で考慮すべきことを取り上げます。

▶▶ 予算・工期

現在は価格競争の中で、品質の優れたコンクリートをつくることよりも、安く、早くつくることを目標とするのが当たり前になってしまっています。本来は無理のある**予算**や**工期**でも、決まってしまえばその条件の中で工事を進めなければならず、結果として手間ひまのかかる作業が省かれてしまっているのです。

このように本来行なわれるべき作業が行なわれないことが普通になっている中で、品質の優れたコンクリートをつくるためには、発注者はまず、自分の要望を明確にし、その要望を実現するための予算と工期について、設計者（工事監理者）、施工者としっかり話し合うことが欠かせません。

▶▶ どのようなコンクリートをつくるか

コンクリートの品質は、「材料（セメント、水、骨材、混和材料）の品質」「生コン配合」「生コン工場の品質管理能力」「打設方法」「養生方法」などに影響されるものであり、これらのうちのいずれかひとつに問題があっただけでも、強度や耐久性が損なわれるおそれがあります。しかし現在は、発注者が例えば「200年持つような耐久性の高いコンクリートをつくって欲しい」と要望した場合、建設関係者は単に強度の高いコンクリートを工場に注文するだけで、基本的に他のことについてはあまり意識しないのが普通です。

そのような環境にあって、本当に**高耐久のコンクリート**を実現するためには、発注者が自ら生コン工場の選定や施工法について、踏み込んで要望を出す必要があります。生コン工場調査の実施や、スランプ12cm以下の（土木の場合は8cm以下）固い生コンを用いた「密度を高める施工法」の採用などについて働きかけるわけです。[25]

「建設業界の当たり前」と「一般社会の当たり前」には時に大きな隔たりがありま

＊ 25：高耐久　コンクリ造りの　根本は　「密度高める」というその意識

す。気になることがあったら、発注者は何でも確認しておくことが肝要です。たとえば、建設業界では多くの方が「コンクリートはひび割れるもの」と考えていますが、一般の方はコンクリートにひび割れが生じれば、そのコンクリートは異常だと思うのではないでしょうか。私もコンクリートのひび割れは異常だと思いますが、こうしたことは計画の段階で誤解がないようにしておくことが大切です。

予算・工期（4-1-1）

打合せ

施主

設計者
（工事監理者）

意匠設計者

建設会社
現場所長

丈夫で長持ちを念頭におきながら、まずはざっくばらんに意見交換をしましょう

どのようなコンクリートをつくるか（4-1-2）

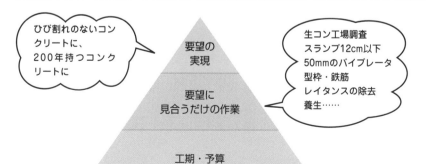

ひび割れのないコンクリートに、200年持つコンクリートに

要望の実現

要望に見合うだけの作業

工期・予算

生コン工場調査
スランプ12cm以下
50mmのバイブレータ
型枠・鉄筋
レイタンスの除去
養生……

▶▶ 現場説明会

コンクリート工事は様々な工程からなっていますが、工事の各工程の考え方がバラバラでは、良いコンクリートを造ることはできません。**高耐久コンクリート**を造るためには、工事全体の目標を明確にしたうえで、個々の作業の目的とその方策を考えることが大切であり、計画段階から工事関係者の**品質意識**を統一しておくことが肝要です。*26

現場説明会では工事関係者全員の品質意識を統一するとともに、鉄筋工事、型枠工事、生コン打設、養生といった各工程で、「どのようなことが求められているのか（作業の目的）」「そのためにはどうすればいいのか（作業の方法）」といったことを作業員に直接伝えます。

COLUMN　コンクリート神話の復活

講習会等で話をする際、私はなるべく昔につくられた丈夫なコンクリートを紹介するよう努めています。以前は「半永久」と言われていたコンクリートの評価が低くなっていることに対し、「コンクリート自体に問題があるわけではない」ということを言いたいからです。

高度経済成長期につくられたコンクリートの中には、確かに品質に問題のあるものも少なからず見受けられます。しかしそれは、当時使用された材料、施工法に問題があったためです。急速に伸びた建設需要を満たすために、それまで使われていなかった材料（海砂、砕石）、施工法（ポンプ工法）が使用にあたっての注意点が十分認識されることなく、採用されていたのです。

とくにポンプ工法の普及に伴い、配管を通りやすくするために生コンの練り水の量が増やされたことは、コンクリート品質の低下に直結しました。当時に比べればずいぶんよくなりましたが、「砂利が減らされたまま」という意味では、現在の施工法も当時の施工法の延長線上にあり、問題が根本的に解決されたわけではありません。

今後さらに品質を向上させていくためには、「固い生コンを入念に締め固める（密度を高める）」という考え方の下、工事関係者が一致協力するという、コンクリート工事の原点に帰る必要があると私は思っています。

明治30年代につくられた「小樽港防波堤」や、第二次大戦末期に建造され、現在は広島県呉市で防波堤になっている鉄筋コンクリート船「武智丸」は、まさにそのようにしてつくられました。技術だけではなく、「いいものをつくる」という関係者の気持ちがあってこそ「半永久のコンクリート」を復活させることができるのだと私は信じています。

＊26：分業化　進むその中で　何よりも　求められるのは　意識統一

現場説明会（4-1-3）

▲現場説明会

鉄筋工事・型枠工事

生コンを充填不良なく型枠の隅々まで行き渡らせることができるかどうかは、鉄筋・型枠の組み方にも大きく影響されます。品質の優れたコンクリートをつくるうえで、鉄筋工事と型枠工事の果たす役割を見逃すことはできません。ここでは、打設作業に配慮した鉄筋工事と型枠工事の要点について紹介します。

▶▶ 鉄筋工事

鉄筋が揺れると、周囲にモルタル分が集まり、鉄筋とコンクリートの付着力が低下するため、鉄筋は揺れないよう強固に組むことが大切です。

基本は、太めの鉄筋を用い、鉄筋が交差する箇所はすべて鉄線（**結束線**）を用いて結束することです。太い鉄筋を使用すれば、鉄筋の本数を減らせるため、型枠内への生コンの充填や、バイブレータの挿入も容易になります。

とくに床面の鉄筋は、打設の際に作業員が上に乗って作業をするため、結束が不十分な場合（結束箇所が少ない場合）、結束線が切れることで配筋が乱れます。結束線が切れないにしても、鉄筋の位置が上下すると、その部分は密度が低下し後日ひび割れが発生する元になる（図4-2-1上段写真）ため、鉄筋がたわまないようにすることも大切です。[*27]

鉄筋の位置を型枠面から所定の距離（**かぶり厚さ**）に保つための**スペーサ**は、建築の場合、プラスチック製のものが多く用いられています（図4-2-1中段左写真）。プラスチックはコンクリートとは一体化せず、ひび割れの原因にもなるため、私はモルタル製のものを用いるのが望ましいと考えています（図4-2-1中段右写真）。

また、私が関係する現場では、生コン充填後に抜き取る、くさび形のスペーサの使用も推奨しています（図4-2-1下段写真）。**くさび形スペーサ**はコンクリート中に埋め込まないため、躯体内部に異物を残さずに済み、また、繰り返し使用できる利点があります。

異物といえば、**電気配管**もコンクリート中に埋め込まれるのが普通になっています。電気配管を埋め込むことは、コンクリート中に傷をつくることであり、また生コンの充填を難しくし、さらには配管のメンテナンスを困難にする原因にもなります。私は、配管を通すスペースは別途確保すべきであると思っています。[*28]

＊27：鉄筋が　揺れれば　見えない傷ができ　後のひび割れの　起点にもなる
＊28：設備管　埋め込むと　メンテ難しく　分ければ　打設作業も容易に

鉄筋工事（4-2-1）

▲鉄筋の上下の移動によって、すき間ができている生コン

スペーサ

▲プラスチックスペーサ

▲モルタルスペーサ

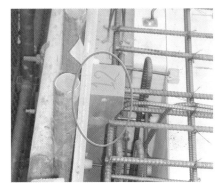

▲くさび形スペーサ

鉄筋は所定の位置に
しっかり固定することが
大切です

▶▶ 型枠工事

　私が提案しているような、水が少なく、砂利の多い、固い生コン（スランプ12cm以下）の打設では、口径50mmの強力なバイブレータ[*]の使用が欠かせません。口径50mmのバイブレータを使用するためには、型枠内に60mm程度の空隙を確保する必要があり、また口径50mmのバイブレータは振動力が大きいため、型枠が変形しないように強固に組み立てることが重要になります。^{*29}　型枠を変形しづらくするための方策としては、**セパレータ**[*]の使用量を多くすること（セパレータの間隔を450mm以下とする）、太いセパレータ（9mm以上）を用いることが有効です（図4-2-2上図）。

　セパレータは通常フォームタイ[*]で端部を固定しますが、フォームタイのナットが緩むと、型枠の変形につながるため、打設中に緩みが認められた際には、直ちに締め直す必要があります。型枠バイブレータを使用したり、インナーバイブレータで入念に締め固めると緩みが生じやすくなりますが、スプリングワッシャを用いることで緩みは軽減できます。

　型枠には合板製、鋼製、樹脂製などがあります。繰り返し使用できる回数は合板製が最も少ない一方、安価であり、また加工しやすいことから、合板製が最も広く利用されています。表面を黄色く塗装したものの利用が一般的です。住宅の基礎は鋼製型枠が標準で、丈夫であるという長所を活かし、繰り返し何度も使用しています。森林資源保護の観点から、今後樹脂型枠の積極的な利用も不可欠です。なお、繰り返し利用する際には、清掃、補修を行なうことが欠かせません。

　ところで、通常は流動性の高い生コンが用いられているため、生コンが回り込みにくい階段の踏面や窓枠の下（腰壁）なども、生コンを横に流して充填することを前提とした型枠の組み方（上面をすべて塞いでいる）になっています。しかし、私が使用を推奨している固い生コンの場合には、流し込むわけにはいきません。生コンが回り込みにくいところに流動性の悪い固い生コンを用いれば、**ジャンカ**[*]や**空洞**といった**充填不良**が生じるためです（図4-2-2左写真）。

　生コン打設の基本は、「打ち込む箇所の真上から、目で確認しながら直接生コンを充填すること」（図4-2-2右写真、図4-2-3写真）で、固い生コンの打設ではそれが一層重要になり、それができるような鉄筋、型枠の組み方をする必要があるのです。^{*30}

　腰壁[*]の上面は、フタをせずに開け放しておき、生コン充填後板を打ち付けるなど

＊……バイブレータ：通常は振動力の小さい口径40mmのバイブレータが使用されている。
＊29：密実に　固い生コン　打ち込むには　バイブ空隙と　ガッチリの枠
＊セパレータ：型枠の開きを防止するための金具。
＊フォームタイ：セパレータと緊結し、型枠を締め付けるための金物。

型枠工事①（4-2-2）

セパレータ

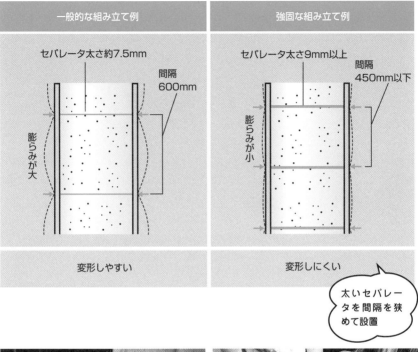

一般的な組み立て例	強固な組み立て例
セパレータ太さ約7.5mm	セパレータ太さ9mm以上
間隔600mm	間隔450mm以下
膨らみが大	膨らみが小
変形しやすい	変形しにくい

太いセパレータを間隔を狭めて設置

▲充填不良

窓枠下面を塞いだ状態で右側の壁から生コンを流し込もうとしたことによる

▲開口部下部の充填作業

開口部下部にフタをせず、直接バイブレータ作業を行っているところ

＊ジャンカ：砂利が露出した充填不良。

＊30：ジャンカなく　固い生コン　打つためには　ふたをしないで　直接充填

＊腰壁：開口部下の低い壁。

してフタをする（開放したままだと、横の壁の充填作業の際に生コンが噴き出てくることがある）のが基本です（図4-2-3）。

　なお、上述のとおり、現在は腰壁の上面などはあらかじめ塞いで組むのが普通です。とくに指示を出さない場合、塞がれた形で型枠が組まれることになるため、固い生コンを使う場合には、型枠工との打合せが非常に重要になります。

　また、固い生コンを使用する際には、とくに入念にバイブレータ作業を行なう必要がありますが、それによって型枠の下部や継ぎ目から、生コン中のペースト分や水が漏れ出しやすくなります。ペースト分の漏出個所は、砂利が露出するなど、充填不良となるため、強力な振動力に対しても下部や継ぎ目からペースト分等が漏れ出ることのないようしっかりと型枠を組み立てることも大切です。

COLUMN　型枠を足で揺さぶる

　岩手大学の農業土木の故高橋和雄先生にお会いしたときに、「君は型枠のチェックはどうやってる？」聞かれたことがありました。そのとき私は型枠の精度などについて答えましたが、先生は簡単に「こうすればいいんだよ」と型枠を足で蹴飛ばす仕草をされました。懐かしい思い出です。

　私は先生のやり方にならい、今も現場での型枠のチェックは型枠を足で揺さぶることで行なっています。揺れるような型枠はダメで、直ちに補強するよう指示します。これは鉄筋についても同じで、簡単に揺れや変形が生じないようにしっかりと組み立てるのが基本です。

▲打設時の側圧によって中央部が膨らんだコンクリート

　私は、生コンを充填する際には、口径50mmの強力なバイブレータを使うよう指導していますが、事前に現場の確認ができないまま打設に立ち会ったときなどに、「ストップ、ストップ」大きな声が飛んでくることがあります。型枠が壊れそうだから、バイブレータ作業をやめてくれというのです。確かに見てみると型枠が変形していて、それ以上作業を続けるのが危険なことがあります。そのような型枠で良いコンクリートをつくれるはずがありません。

型枠工事②（4-2-3）

▲踏み面すべてにフタをした階段の型枠

▲踏み面のフタをすべて外してある階段の型枠

> 充填不良の恐れがあり、柔らかい生コンが要求されるモトになる

> どんなに固い生コンでも充填不良を生じさせるおそれはない

腰壁の生コン充填

❶

窓

固い生コンは流れにくい

> 窓枠の下は❷のように直接充填するのが望ましい

❷

> 窓枠の下から直接充填

❸

生コンが噴き出す

> 充填後上面を均して仮ブタをする。それをおこたると❸のように生コンが噴き出してくるおそれがある。横の壁の再振動締め固め作業終了後、仮ブタを外し、上面をきれいにならす

第4章　コンクリートの施工

4-3

打設計画

現在打設計画書は「形式的に作成されるだけ」ということも少なくありません。しかし、打設計画書は、本来、打設の順序や作業上の要注意箇所などを明記しておくべきものです。打設計画書を分かりやすく作成し、作業員全員で計画を共有することは、打設をスムーズに行なうための基本です。

▶▶ 打設工法

現在一般的なコンクリート工事のほとんどは、生コンを連続的に効率よく打ち込むことのできる**ポンプ工法**によって行なわれています。その他の打設工法としては、固い生コンの打設に適している**バケット工法**、**シュート打ち**（斜めシュート）、**ネコ取り**などがあります。

❶ポンプ工法（図4-3-1左上写真）

ポンプ工法は、現在最も一般的な打設工法で、配管によって生コンをポンプ圧送する工法です。[31] 圧送方式には、油圧ピストンにより配管に生コンを押し込むようにして圧送する**ピストン式**と、ローラでチューブを絞るようにして圧送する**スクイーズ式**があります。基本的に圧送力はピストン式のポンプ車の方が優れています。圧送性能の高いポンプ車では、1日300m³以上の打設も可能です（作業を丁寧に行なうために、私は1日の打設量は最大でも150m³程度に抑えるよう提案しています）。ポンプ車が出回り始めた頃は配管の閉塞が生じやすく、そのことが流動性の高い生コンが求められる一因となりました。しかし、現在ポンプ車の圧送性能は向上しており、ひび割れにくいコンクリートを造るために、私は以前のような砂利の多い固い生コンを使用することを提案しています。ポンプ配管の先端ホースは、内径7.5〜12.5cmの範囲でさまざまなものがあり、通常9〜10cm程度のものが用いられています。太いホースを用いるほど、重くなり、扱いにくくなるため、作業性は低下しますが、生コンを詰まりにくくすることができます。
ポンプ工法の長所は、「多量の生コンも少ない人数で打設できる（通常ポンプ車の操作は無線で行なわれる）」「荷卸し地点（ミキサ車停車位置）から打ち込み箇所まで距離があっても、圧送できる範囲で生コンを送ることができる（圧送性

* 31：大量の　生コン少ない　人数で　打設可能な　ポンプ工法

打設工法（4-3-1）

▲ポンプ工法　　　　　　　　▲バケット工法

▲シュート打ち　　　　　　　▲ネコ取り

各打設工法の長所・短所

打設工法	長所	短所	打設量
ポンプ工法	・少ないい人数で打設できる ・荷卸し地点から離れている場所でも打設できる ・連続して打設できる	・水量が増える ・砂利を多くできない （耐久性に問題あり） ・配管が詰まると、復旧までに長時間を要することがある ・打設時に大きな揺れを伴う	基本的に150m^{3}以下
バケット工法	・砂利の多い固い生コンでも打設できる	・連続的に打設できない （打設に時間がかかる）	100m^{3}以下
シュート打ち （斜めシュート）	・重機を必要としない	・生コンが分離しやすい	30m^{3}程度以下 （状況による）
ネコ取り	・重機を必要としない	・生コンの運搬に多くの人手を要する	30m^{3}程度以下

能の高い機種は、100mを超える超高層ビルの建設にも利用されている）」「ミキサ車の入れ替えの時間を除けば、連続して打設できる（2台のミキサ車から同時に荷卸しできれば生コン車の入れ替えに伴う中断もなくすことができる）」などです。

一方、短所は、配管を詰まらせないようにするために「水量が増える」、同じく配管を詰まらせないようにするために「耐久性を高めるうえで大切な砂利の量をあまり多くできない」「配管が詰まった場合、復旧までに長時間を要することがある」「打設時に大きな揺れを伴う（下階のコンクリートや打ち込んだ生コンに悪影響が及ぶ）」などです。

❷バケット工法（図4-3-1右上写真）

バケット工法は、下部が角錐または円錐を逆さまにした形状の鋼製のバケットに生コンを荷卸しし、それを充填位置までクレーンで搬送する打設工法です。砂利の多い固い生コンでも打設できるため、私はバケット工法の採用を勧めています。 *32

欠点は、連続的に生コンを充填できないことです。とくに建築の現場では、壁など生コンを打ち込む断面が狭いところが多いため、バケット工法では作業性が劣ります。現場の条件にもよりますが、バケット工法は基本的に1日の打設量が100m³を超えるような現場の打設には向いていません。

❸シュート打ち（図4-3-1左下写真）

斜めシュートによる打設では、断面がU字型の樋（とい）のようなものを使って、生コンを荷卸しします。荷卸しは、ミキサ車のシュートに延長シュートを継ぎ足した範囲まで可能ですが、延長シュートが長くなると勾配がゆるくなるため、生コンが流下しにくくなります。

なお、流下中の生コンの分離を防ぐために、シュートの長さはできるだけ短くするとともに、シュートの勾配は水平2に対し、鉛直1以下を目安とします。

❹ネコ取り（図4-3-1右下写真）

ミキサ車からネコ（一輪車）に荷卸しして、打設箇所まで運搬する工法もあります。ネコ取りは打設量が増えると運搬に多くの人手を要するようになるため、1日の打設量が30m³を超えるような生コン打設には不向きです。

＊32：大量の　打設は不向きも　砂利の多い　生コンOK　バケット工法

打設計画書（4-3-2）

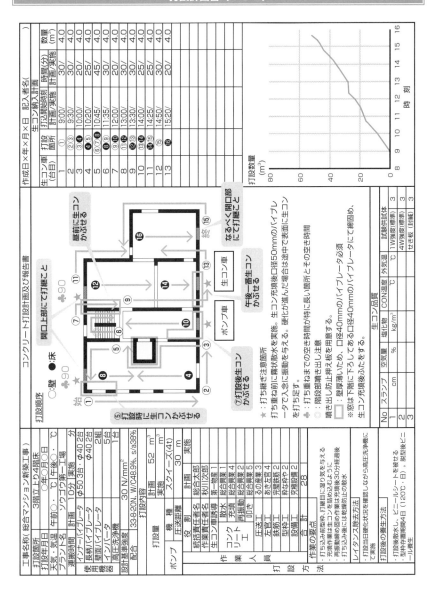

▶▶ 打設計画書

　打設計画書は「打設が難しい箇所はどこか」「どの部分の打設に、どれくらい時間がかかるか」「コールドジョイントのおそれがある箇所の対策はどうするのか」といったことを具体的にイメージしながら作成します（図4-3-2）。要注意点についてしっかり頭に入れて打設にのぞめば、作業員に対し的確に指示を行なうことができます。[*33]なお、打設後には計画書に対応した形で実施状況の記録を作成しておくと、技術力向上の助けとなります。

▶▶ 作業人員・作業機器

　基本的に**作業人員**は、現場で起こるさまざまな突発的なできごとに対応できるように、余裕を持った人数とし、作業員にはそれぞれ明確に役割を与えるようにします。1回の打設量が100m³程度（建物面積70 〜 80坪程度）の現場では、図4-3-3のような作業人員、**作業機器**の数を私は提案しています。

　なお、気温が高い日は生コンが早く固まるため、作業に手間取ると、ポンプ配管を詰まらせたり、床面の押さえ作業が間に合わなくなったりするおそれがあります。したがって、「夏場は作業員を増員する」など、季節や天候にも配慮して作業人員を決める必要があります。[*34]

COLUMN　打設の応援

　コンクリート打設はやり直しのきかないものです。しかし、必ずしも毎回準備万端で打設に臨めているわけではありません。基本的に打設のメンバーは固定したいところですが、作業員が不足気味な昨今、なかなかそうはいかないこともあります。単なる人数集めで来たというような作業員も中にはおり、そうであれば、ある程度作業人員には余裕を見ておきたいところです。何か問題が起きた際も、「人さえいればなんとかなる」というのもよくあることです。

　そこで私は、建設会社に対し、打設の際は、他の現場の若手社員に手伝いに来てもらうことを提案しています。通常は年間にいくつも現場を見ることができない中で、若手社員にとってもいろんな現場のやり方を目にする機会が得られ、貴重な経験となります。とくにポンプ車 2 台打ちの場合には、倍の人員が必要となることから、作業員が寄せ集めになることで作業が雑になりやすく、注意が必要です。

　なお、筒先、外部振動の指示者は、作業方法、打設順序等について、作業員に指示を出す必要があります。途中でどこかへ行ってしまい、「作業員任せ」というのでは、良いコンクリートは造れません。指示者がその役割に専念できるような体制にしておくことが肝要です。

＊ 33：計画書で　作業工程　明確に　作業の要点も　再度確認

＊ 34：気温なども　考慮に入れて　余裕ある　作業態勢で　入念な施工

作業人員・作業機器（4-3-3）

打設作業の役割分担（例）

工事監理者	1人
建設会社社員	3人 筒先1人 型枠面1人 生コン受け入れ関係1人
ポンプ圧送工	3人
コンクリート工	8人 充填3人 締め固め1人 型枠たたき4人
左官工	3人
鉄筋工	1～2人
型枠工	2～3人
設備工	1人
電気工	1人

打設機器の準備（例）

ポンプ車	1台当たり150m³/日上限（不慣れなうちは100m³/日）
バイブレータ	インナー（口径50mm）3台 長柄2台 壁面2台
インバータ	5台
高圧洗浄機	1台

余裕のある作業人員にしておけば、
何かあっても安心です。
また建設会社は、打設の日には、他
の現場の担当者が応援に来れるよう
な体制を作っておくといいですね

▶▶ 打設順序

　打設順序を考えるうえで最も重要なのは、打ち継ぎ部に**接合不良（コールドジョイント）**を生じさせないことです。コールドジョイントを防止するには、打ち継ぎまでの空き時間が長くなりすぎないように、事前に**打設順序**を検討することが欠かせません。窓などの開口部や階段など、打設にとくに時間を要する恐れのある箇所は、型枠の組み方を含め、綿密に計画しておくことが大切です。夏場の打設で、計画段階で**打ち継ぎ時間**が2時間を超える箇所がある場合は、計画の見直しが必須です。

　1回の打ち込み高さが大きいほど分離が激しくなるため、土木では1層の厚さ40〜50cmを標準としています。一方建築ではいっぺんに3m程度の高さを打ち込むこともあります。建築では柔らかい生コンの使用が標準的であり、上部と下部の著しい品質差の原因にもなっています。ただ部材が薄いところに何度も分けて生コンを打ち込むことは埋設物に引っかかったり、落とし切れないままの生コンを生じさせやすく、それが硬化することにより充填不良が生じやすくなります。また何度も分けて生コンを打ち込むのは作業性が悪いこともあり、壁の上部まで1回か2回で打ち上げるのが普通です。ここでは2通りの打設順序について見てみます。

　「**回し打ち**による打設」では、①「すべての壁、柱に対して、天井までの半分くらいの高さまで生コンを充填」、②「①の上に、梁の下まで充填」、③「梁と床面に充填」とします（図4-3-4上図）。このように分けて生コンを充填するのは、主に型枠にかかる圧力を抑制して型枠が変形するのを防ぐためです。分けて充填する際に生じやすい問題は、打ち重ね部付近の充填不良、打ち重ね部の接合不良（コールドジョイント）です。とくに生コンの硬化が早い夏場に建物全体で下層を打ち、それから上層を打った場合、建物の規模などにもよりますが、打ち重ね部全体がコールドジョイント（図4-3-5写真）になることもあります。一見すると単なる**色違い**に見える場合でも、乾燥が進むと徐々にひび割れに進展することもよくあることです。

　コールドジョイントを生じにくくする方策としては、現場をいくつかのブロックに分け、「ブロックごとに打設」する方法があります。[35]たとえば図4-3-4下図のように現場を4つのブロックに分けて、番号の順に生コンを打ち込むとします。すると打ち継ぎ時間が長くなる箇所が限定されるため、「構造的に重要な箇所を避けて打ち継ぎ部を設ける」「打ち継ぎが困難になる前に、一度戻って、上から生コンを被せる（表面が新しい生コンになるため、打ち継ぎまでの時間を延長できる）」などの対策を講じることができます。また、ブロックごとに打設を行なうと、いっぺんに床面を仕上

---

*35：区分けして　打ち重ねまでの　インターバル　短縮すれば　ジョイント良好

打設順序① (4-3-4)

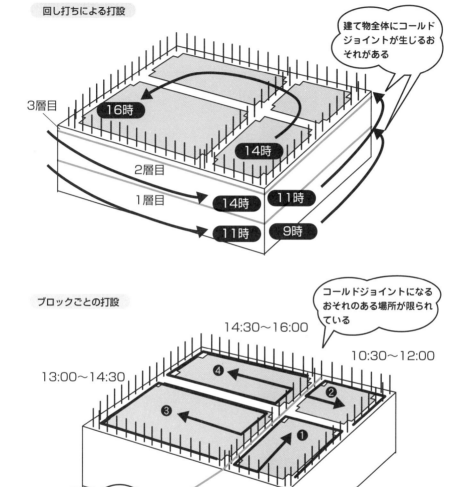

* ——青線はコールドジョイントになるおそれのある場所を示す

げようとした場合に比べ、生コンの硬化速さに対し、**押さえ作業**に時間的な余裕が生まれます。なお、**ブロックごとの打設**を行なう場合は、固い生コンを用いるのが基本です。固い生コンであればいっぺんに壁の上部まで生コンを打ち込んでも型枠にかかる圧力が小さく、また材料分離がそれほど顕著には認められないためです。

　上記の2通りの方法を組み合わせることもできます。その場合、ブロックごとに壁を2層に分けて充填することになります。

　ところで、とくにスランプの大きい柔らかい生コンの場合、打ち込み高さが異なる部位に対しいっぺんに生コンを充填すると、充填後ある程度時間が経過してから、生コンの沈み量が異なる（打ち込み高さが大きい部位の方が大きく沈む）ために、その境目にひび割れが生じることがあります（図4-3-5下図）。したがって高さのある梁などは床とは分けて生コンを充填するのが基本です。

▶▶ 作業上の注意点

　計画書には施工上の注意点も記載します。具体的な内容は以下のようなものです。

①充填に先立ち、型枠に湿り気を与える。
②生コンの充填はバイブレータの準備ができてから開始する。
③バイブレータ作業は基本的にポンプ車の筒先より上流側で、生コンを流すのではなく、詰め込むように行なう。
④コールドジョイント要注意箇所は、硬化状態によっては一度戻って上から生コンをかぶせる。
⑤**再振動締め固め**作業は生コン充填後30分経過後を目安に行なう。バイブレータは、口径の5倍以下の間隔で挿入し、抜き取るときは抜き跡が残らないようゆっくりと時間をかけて抜き取る。
⑥**レイタンス**＊の除去（打ち継ぎ面の清掃）は、先に仕上げた部分から、硬化状態を確認しながら（ある程度固まってから）行なう。
⑦ホース、バイブレータを下ろす箇所は確認しておく。
⑧開口上で打ち継ぐ箇所は確認しておく。

　なお、④⑦⑧のような特定の場所に限定される注意点は、要注意箇所も併せて示しておくようにします。

＊レイタンス：コンクリートの打ち込み後、水分の上昇に伴い浮上してくる、セメントや骨材中の微粒子分がコンクリート表面に形成する脆弱な層。

打設順序② (4-3-5)

単なる色違いに見える
ものが、ひび割れに発
展することはよくある

▲コールドジョイント

打ち継ぎまでの空き時間が
長くなり過ぎないようにする

▲色違いの部分から採取したコア

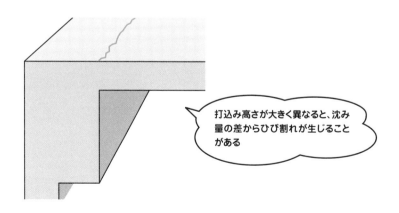

打込み高さが大きく異なると、沈み
量の差からひび割れが生じること
がある

4-4

コンクリートの打設

現在、一般的なコンクリート打設は、流動性の高い生コンを型枠に流し込むことにより行なわれています。しかし、耐久性の高いコンクリートをつくるには、砂利の多い、固い生コンを型枠の中に密実に詰め込み、密度を高めることが大切です。ここでは、密度が大きいコンクリートをつくるための打設方法について解説します。

▶▶ 周知会

打設日には、作業開始前にコンクリート工事関係者を集めて打合せを行ないます。全員に打設計画書を配り、打設の順序や打設時の注意事項を周知するとともに、各作業員の役割を確認します。

▶▶ 生コンの受け入れ

まずは誤納がないよう納入伝票を確認します。硬化コンクリートが所要の品質を下回ることがないように、「生コンが柔らかめ」であったり「空気量が多め」であったりした場合（注文よりもコンクリート強度が低い傾向が認められた場合）は、ただちに生コン工場の製造担当者や出荷担当者に連絡を取って改善を促すようにします。また、打設計画書を事前に工場に送っておき、現場の作業が計画よりも遅れそうな場合は、その旨工場に伝え、調整をはかります。逆に、工場の出荷が遅れる場合は、現場に連絡を入れてもらうようにするなど、現場と工場で意思の疎通を図ることは非常に重要です。

計画書には何台目にどこまで充填されるのかを記載しておくのが分かりやすく、そのためには積載量はなるべく一定にしてもらう必要があります。

なお、生コンを荷卸しする際は、一度ミキサドラムを高速で回転させ、練り返すようにしてからポンプ車のホッパ（またはバケット等）に排出します。このようにすることで、運搬中に生じた材料の分離を改善することができます。

▶▶ 受け入れ試験

ミキサ車から生コンを荷卸しする際には、**コンクリート温度**、スランプ、空気量、塩化物量などを所定の頻度※で測定することになっています。スランプ、空気量など

※所定の頻度：建築学会の仕様書では、通常の場合、150m³ごとに3回（塩化物量は通常1日1回以上）。

周知会（4-4-1）

打設前の打合せ

生コンの受け入れ（4-4-2）

▲荷卸し

固い生コンをスコップを使って荷卸ししている

は品質に変化が認められた場合も確認するのが基本です。

　通常、スランプは目標値±2.5cm、空気量は4.5±1.5%、塩化物量は塩化物イオン量として0.30kg/m³以下とされています。これらの試験は、入荷した生コンが受け入れ品質を満たしていることを確認するためのもので、生コン工場が製品検査のために行なう試験と内容は同じです。

　この他、建築学会、土木学会では、受け入れ時の生コンの温度についても規定しています。暑中コンクリートは35℃以下、寒中コンクリートは建築学会では10～20℃、土木学会では5～20℃を原則としています。寒中コンクリートで上限があるのは、外気温との差を考慮したもので、また建築と土木で下限が異なるのは、建築よりも部材が厚い傾向がある土木では、水和熱に期待できるためです。

　なお、これらの試験に合格した生コンについては、**テストピース**を作製し、後日強度試験を行ないます。

▶▶ ポンプ車の先送り材料

　ポンプ車を用いて打設する場合、いきなり配管に生コンを送ると、生コン中のペースト分が配管に付着していき、次第に生コンの先頭部分は砂利っぽくなります。砂利が多くなると、摩擦抵抗が大きくなり、最後には配管を閉塞させます。これを防止するためには、生コンの圧送に先立ち、**セメントペースト**またはモルタルを配管内に通す必要があります。

　先送り材料としてセメントペーストを使用する場合は、ポンプ車のホッパで練り混ぜます（図4-4-3左写真）。一方、モルタルは生コン工場に注文するのが普通です。先送り材料は、通常生コンよりも強度が劣り、またポンプ車へのコンクリート固着防止のためのグリスなどが混入していることがあり、廃棄するのが基本です（図4-4-3右写真）。

▶▶ 散水作業

　乾いたコンクリート面の上に生コンを打ち込むと、継ぎ目に微細な気泡が封じ込まれ、新旧のコンクリートを一体化させることができません。また、型枠が乾燥しているところに生コンを充填すると、生コンが流動しづらく気泡や充填不良が生じやすくなります。そこで、生コン充填前には、型枠内に散水することが欠かせません（図4-4-4）。

ポンプ車の先送り材料（4-4-3）

▲ポンプ車のホッパにセメントを入れている
ところ

▲先送りモルタル：可能な場合はこのようにミキ
サ車にモルタルを戻す

散水作業（4-4-4）

湿り気を与えることで良好な接合

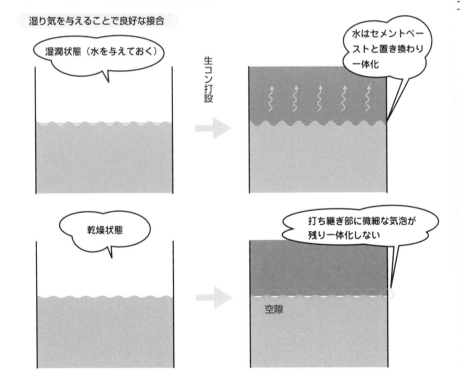

▶▶ 充填作業

　充填の際は、**ジャンカ**や**空洞**などの**充填不良**や**コールドジョイント**の防止に努めるとともに、コンクリートを密実にすることを意識して作業することが大切です。**バイブレータ作業**は、空気を巻き込ませないこと、巻き込んでもすぐに追い出すことを目的に、生コンを型枠の中に押し込むように（図4-4-5図①）行なうのが基本です。生コンを流すように（図4-4-5図②）バイブレータを用いると、コンクリートを密実にすることはできません。[36] 壁や柱の下部はとくに空気が巻き込まれやすく、また巻き込まれた空気を後から追い出すのは難しいため、バイブレータを型枠の下部まで挿入してから生コンの充填を開始するなど、充填するすべての生コンに振動を与えるよう作業を行なうことが肝要です。

　ジャンカや空洞は生コンが固い場合に生じやすいのは確かですが、柔らかくても生じることはあります。柔らかいがために噴き出しをおそれ、振動を控えめにした結果、充填不良になるというのはよくあることです。結局ジャンカや空洞が生じるかどうかは、「生コンの固さ」というよりもむしろ「打設条件に応じた適切な作業量を確保できるかどうか」にかかっているのです。スランプ12cm以下の固い生コンの場合に、ジャンカや空洞が生じないよう打設するためには、**口径50mm**のバイブレータ*を使用するのが基本です。バイブレータの台数は、生コンの充填速度にもよりますが、私は通常充填時には3～4台用いるようにしています。充填速度が速いと、空気が巻き込まれやすくなるため、充填作業はポンプ圧送工主導ではなく、バイブレータ作業の速さに合わせて行なうことも重要です。

　打ち重ね部については、コールドジョイントを防止するために、先に打ち込んだ生コンが固まらないうちに新しい生コンを充填し、バイブレータを下層のコンクリートに少なくとも10cm程度挿入する（図4-4-5③）のが基本です。なお、下層までバイブレータを挿入できているか確認できるように、バイブレータには挿入深さを示すビニールテープを巻いておくなどすると、作業の指示もしやすくなります。

▶▶ 外部振動（たたき）作業

　型枠外部からの**たたき作業**には、表層付近の気泡を除く役割と、ガラス質のモトになるセメントペーストを表面付近に集める役割があります。

　現在は、たたき作業を行なわない現場もあるようですが、コンクリート表面の気泡は、内部からの振動だけでは追い出しきれません。表面をきれいに仕上げるため

*36：充填は　生コン流す　作業でなく　型枠にギュッと　押し込む作業
*口径50mmのバイブレータ：一般的には40mm、場合によっては30mm。

充填作業（4-4-5）

▲ジャンカ

バイブレータ作業が不足したことによる

▲充填作業

口径50mmのバイブレータを3本用いて、生コンの密度を高めている（ジャンカ、空洞、ひび割れを防止）

充填のバイブレータの使い方

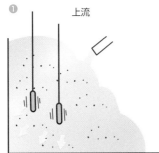

❶ 上流

密実になる

❷ 上流　隙間　下流

生コンが流れて行く際に隙間ができ、密度が小さくなる

バイブレータ作業は生コンの流れの下流側ではなく上流側で行う

バイブレータを下層に10cm以上挿入

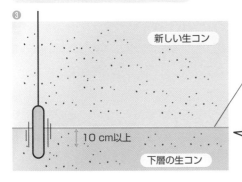

❸ 新しい生コン

打継ぎ部

10cm以上

下層の生コン

下層の生コンに10cm以上バイブレータを挿入して上下の生コンを一体化させる

には、型枠外部からの、**木づち**や**型枠バイブレータ**[*]などによる振動作業を併せて行なうのが基本です（図4-4-6）。なお、充填作業と外部振動作業は、通常お互いの状況を目視確認できない中で行なうことになるため、無線や笛などを活用し、連携をとりながら作業することが重要です。

　作業方法は、生コンの充填高さからその30cm下くらいまでの範囲を、下から上へ向かって、空気の移動を意識しながら型枠を振動させるのが基本的なやり方です。[*37]あまり行なわれていないようですが、型枠バイブレータにより、型枠の天端から振動を与える方法もあります。これは空気が振動体の方に寄っていく性質を利用したもので、長時間振動を与え続けることで効果が得られます。すでに上部まで生コンが充填されているときに、型枠の下の方に振動を与えることは、かえって振動部の裏側に空気を集め、気泡をつくることになります。

　たたき作業によって**セメントペースト**を表面に集めたうえで、湿潤養生を行なうと、**表層部**に緻密な硬化組織が形成され、耐久性が向上します。

▶▶ 突き作業

　バイブレータが普及し、また流動性の高い生コンが使用されることが多くなった現在、多大な労力を要する**突き作業**はあまり行なわれていません。

　しかし、突き込んだ棒の体積分だけ生コンを強制的に移動させることができる（充填不良部に生コンを押し込むことができる）など、突き作業には、通常のバイブレータにはない効果があります。**柱下部**の隅に生じやすいジャンカや、窓などの**開口部**の角から生じやすいひび割れも、これらの部分を対象に、入念に突き作業を行なうことで防止できます（図4-4-7）。

　柄の長い棒状のバイブレータによる再振動作業でも同様の効果を期待できますが、**竹棒**はバイブレータの入らないような狭いところにも挿入することができます。また、振動を与えると、生コンは流動化するため、生コンを流さずに締め固めたい部分の密度向上には、バイブレータ作業は不向きであり、そのような箇所は突き作業が効果的です。

　なお、型枠に沿わせて竹棒を突き込むと、型枠の表面を傷つけることがあり、その傷はコンクリート面にそのまま表れます。したがってとくに打ち放しコンクリートに対して突き作業を行なう場合は、型枠を傷つけないような配慮が必要です。

---

[*]型枠バイブレータ：外部から型枠を通じて生コンに振動を与えるバイブレータ。
[*37]：たたいたら　その裏側に　集合する　空気の性質　理解して作業

外部振動（たたき）作業（4-4-6）

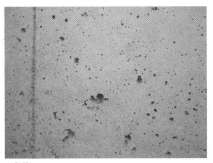

▲気泡

▲たたき作業：空気を追い出し気泡をなくす

突き作業（4-4-7）

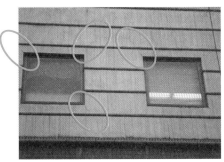

▲開口部ひび割れ

▲突き作業：密度を高めひび割れ防止

開口部周囲のひび割れを防止するための突き作業

ひび割れの生じやすい開口部の角周辺を突き固め、密実にする

支保工　開口

▶▶ 再振動締め固め作業

　型枠内に充填した生コンは、時間の経過とともに、密度の違いにより分離が生じます。水は密度が小さいため、上方へ移動する傾向がありますが、分離、上昇した水の多くは、砂利や鉄筋の下面にたまり、そのまま固まるとその部分の付着力が小さくなります。また水が移動した跡は鉛直方向の傷（**水ミチ**）になります（図4-4-8上図）。これらを改善するためには、水の上昇現象（**ブリーディング現象**）がある程度進んだところで、バイブレータで再度振動を与え、砂利や鉄筋の下にたまった水を追い出し、また鉛直方向の傷をふさぐ必要があります。[38] その作業が**再振動締め固め**です。再振動締め固め作業はポンプ車の揺れに伴い、繰り返し揺れた鉄筋の周囲など、モルタル分が集合している（ひび割れが生じやすくなっている）箇所の密度向上にも有効です。

　再振動締め固め作業には、柄の長い棒状のバイブレータを用いることを、私は提案しています（図4-4-8上写真）。棒状ではない通常のバイブレータでは、先端が曲がって挿入されても分からないため、気づかずに**セパレータ**などを振動させてしまうおそれがあります（図4-4-8下図）。セパレータを振動させると、その周囲に水分を多く含んだモルタル分が集まり、そこを起点として、ひび割れが生じやすくなります（図4-4-8下写真）。また上層の生コン充填の際に、すでに下層が固くなっている場合など、打ち継ぎ状態に不安がある箇所は、再振動締め固めの際、棒状のバイブレータで打ち継ぎ面に対して加圧しながら振動を与えることで、一体化を促すことができます。ただ型枠の状況によっては、棒状のバイブレータを挿入しづらい箇所もあるため、バイブレータは状況に応じて使い分けることが肝要です。

　なお、口径50mmのバイブレータは振動力が大きいため、バイブレータの挿入間隔を狭め、抜き跡の傷を消す作業をていねいに行なわないと、かえってバイブレータを挿入した箇所にひび割れを生じさせるおそれもあります。そのため私は、再振動締め固め作業には口径40mmのバイブレータを使用することを勧めています。再振動締め固め作業の作業上の注意点は、以下のとおりです。

①再振動締め固めを行なうと、天端面[*]が数cm沈むこともあるため、作業にあたっては事前に天端面を少し高く盛っておく。なお、沈み量は充填時のバイブレータ作業が不足しているほど、また水の分離が激しいほど（配合、作業を実施する時期が影響）大きくなる。

＊38：ブリーディング　進んだころに　再バイブ　ゆるんだ組織を　締め付け直す
＊天端面：部材の上面。単に天端とも。

再振動締め固め作業①（4-4-8）

ブリーディング現象

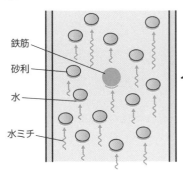

鉄筋
砂利
水
水ミチ

砂利や鉄筋の下に水がたまることで、付着力が低下するとともに、水が上昇した跡は傷になる

再振動締め固め作業には柄の長い棒状のバイブレータを用いるのが望ましい

▲再振動締め固め

セパレータを振動

セパレータ

セパレータが
振動

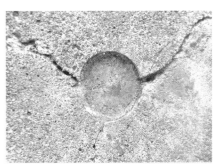

▲セパレータ周囲のひび割れ

このようにまっすぐ入れているつもりでも実際には曲がって挿入されていることがある

②再振動締め固め作業は、ブリーディング現象によって緩んだ組織を締め直す作業であることから、ブリーディング現象がある程度進んでから行なう必要がある。作業を開始する時期の目安は、生コンに指を差し込んで抜き取ったときに穴が壊れずに残り、穴の底の方に水がたまり出すころとする（図4-4-9上段図）。なお、ブリーディングが少ない生コンの場合は穴に水はたまらないため、底の方に「照り」が見られるようになった時点で作業を開始する。

③バイブレータの抜き跡が傷として残らないよう（隣の抜き跡の傷を消すよう）、バイブレータの**挿入間隔**は口径の５倍以下とする（図4-4-9中段図）。また、バイブレータを急いで引き抜くと、抜き跡がそのまま棒状に残ってしまう（あるいはモルタルの集合箇所となりひび割れやすくなる）ため、バイブレータの抜き取りは、空気が追い出されて行くのを確認しながら、時間をかけてゆっくりと行なう。また、バイブレータ抜き取り後は、抜き跡を突き固めるのが望ましい。

④生コンが固いほど、また硬化が進むほど、振動は伝わりにくくなるため、バイブレータの抜き跡に鉄筋を差し込むなどして、抜き跡の傷を消すことができているかどうか（バイブレータの挿入間隔が適正であるかどうか）を確認しながら作業を行なう。

▶▶ 加圧作業

　床面は、ジャンカや空洞など目につきやすい瑕疵（かし）が生じにくいこともあり、打設作業が最も雑になりやすい部位です。一方、床面は上部から圧力がかからないため、コンクリートを密実にするのが最も難しい部位でもあります。つまり、床面のコンクリートは品質の劣るものとなりやすく、打設の際はコンクリートの密度を高めることをとくに意識して作業する必要があります。＊39

　具体的には、コンクリート面を踏み固めたり（図4-4-10左写真）、道具（**タンパー**）を使って強くたたいたり（**タンピング**）する作業が効果的です（図4-4-10右写真）。ただし、柔らかい生コンに**加圧作業**を行なっても、圧力が横に逃げてしまい締め固めることはできないため、なるべく砂利の多いスランプの小さい配合を選定するとともに、作業の時期についても配慮する必要があります。適切な作業時期は、再振動締め固めと同様、生コンに指を差し込み、抜き取ったときに穴が壊れずに残り、穴の底の方に水がたまり出すころ、つまりブリーディング現象により充填したコンク

＊39：床面は　密度向上　難しく　ギュッと加圧する　意識が肝心

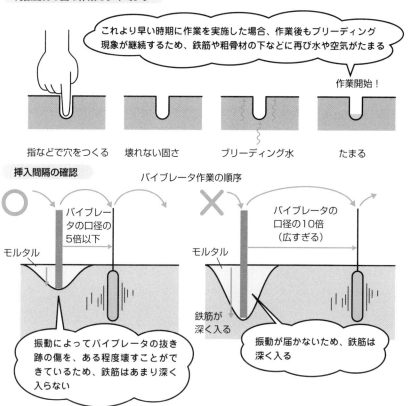

再振動締め固め作業② (4-4-9)

再振動締め固め作業のタイミング

これより早い時期に作業を実施した場合、作業後もブリーディング現象が継続するため、鉄筋や粗骨材の下などに再び水や空気がたまる

作業開始！

指などで穴をつくる　　壊れない固さ　　ブリーディング水　　たまる

挿入間隔の確認　　　　　バイブレータ作業の順序

○

バイブレータの口径の5倍以下

モルタル

振動によってバイブレータの抜き跡の傷を、ある程度壊すことができているため、鉄筋はあまり深く入らない

×

バイブレータの口径の10倍（広すぎる）

モルタル

鉄筋が深く入る

振動が届かないため、鉄筋は深く入る

加圧作業 (4-4-10)

▲踏み固め

▲タンピング

リートがゆるんできたころです。なお、踏み固め作業で乱れた上面は、エンジンのついたタンパーなどを用いれば容易に均すことができます。

　踏み固めやタンピング後のトンボやコテによる作業も、単に平滑にするというのでなく、加圧してコンクリートを密実にすることを心がけて作業することが大切です。しっかりと体重を乗せるようにコテ押さえを行なうと、コンクリート面は強固になり、非常にひび割れの生じにくいものとなります。

▶▶ レイタンス除去

　上階のコンクリートとの**接合部**など、後日コンクリートを打ち継ぐ箇所は、表面の**レイタンス**を除去しておくことが欠かせません。レイタンスとは、コンクリート中の微細な粒子が、水の上昇（ブリーディング）に伴い上面に上がってきたもので、脆弱な層を形成します。これをそのままにして上から生コンを打ち込んだ場合、打ち継ぎ部でコンクリートを一体化させることはできず（上下のコンクリートは鉄筋でつながっているだけになる）、ひび割れや**漏水**の原因になります。高強度コンクリートなど、ブリーディングの少ないコンクリートの場合も、そのままでは接合しないため、打ち継ぎを行なう箇所は、砂目が現れるまで表層部を除去することが肝要です[40]（図4-4-11中段写真）。

　レイタンスの除去は、打設当日ある程度コンクリートが硬化してきたころに、ワイヤブラシや**高圧洗浄機**を用いて行ないます。高圧洗浄機の場合早い時期に作業を行なうと表面がえぐれることがありますが、多少であればゆるんだ砂利を除去すればとくに問題ありません。一方、夏場であったり、高強度コンクリートを用いた場合には、硬化が非常に早まることがあります。打設当日でもレイタンスの除去が困難になることもあり、作業の開始時期の判断には注意が必要です。なお、表面の硬化を遅らせることのできる遅延剤を散布すれば（図4-4-11下段写真）、翌日以降に除去作業を行なうことも可能です。

▶▶ 反省会

　作業後は**反省会**を開き、基本的に打設関係者全員が参加するようにします。その日の作業だけでなく、事前の型枠作業や鉄筋作業についても気づいたことがあれば意見を出すようにして、次回以降の打設がよりよいものとなるようにします。

＊40：打継部　コンクリガッチリ　つけるには　レイタンス取り　砂目現せ

レイタンス除去（4-4-11）

▲金ブラシによるレイタンスの除去

▲高圧洗浄機によるレイタンスの除去

レイタンス除去作業では、
表面に砂目を現すようにする

▲レイタンス除去後のコンクリート面

▲噴霧器を使った遅延剤の散布

第4章　コンクリートの施工

163

4-5

コンクリートの養生

セメントの水和結晶は、草花の芽や根と同様に時間をかけて徐々に成長するものです。そのためコンクリート工事は、打設したらそれで終了、というものではありません。硬化初期はとくに環境の影響を受けやすいため、状況に応じて環境条件を整える必要があります。ここでは、養生の目的、方法などについて解説します。

▶▶ 養生の目的

使用するセメント、混和剤、気温、配合にもよりますが、コンクリートが所要の硬化状態に固まるまでには、長い時間（通常１～３か月程度）を要します（図4-5-1上段図）。それまでの間は、早い時期ほど隙間が多いため環境の影響を受けやすく、さまざまな形で保護する必要があります。とくに硬化初期は、乾燥や低温にさらされると水和結晶の成長が阻害されやすいため、入念に養生を行なうことが肝要です。養生は主に**乾燥防止**のための養生と、**凍結防止**のための養生に分けることができ、以下ではその２つの養生について説明します。

❶乾燥防止のための養生

乾燥防止のための養生とは、コンクリートを乾燥から保護し水和反応を促進させるための養生です。まだ強度が十分発現していない硬化初期のコンクリートは、硬化組織が緻密になっておらず（水分が透過する隙間が多い）、そのような状態で乾燥にさらされると、コンクリート中の水分は多量に蒸発します。反応に必要な水まで蒸発すると、水和反応は不十分な形で停止し、強度不足になることもあります。また、表層部に緻密な水和結晶を生成させるためには、実は単に水分の蒸発を防ぐだけでなく、外部から水を供給する必要があることが分かっています。高品質のコンクリートを造るためには、硬化初期にコンクリートを湿潤状態に保つ（**湿潤養生**）ことが不可欠です。[*41]
湿潤養生の期間について（図4-5-1中下段図）、建築学会では「計画供用期間の級が短期および標準の場合は強度が10N/mm^{2}以上に達するまで、長期および超長期の場合は15N/mm^{2}以上」としています。しかし、打設翌日に10N/mm^{2}に達することもあることを考えると、これでは短すぎると言わざるを得ません。**養生**

※41：セメントの　水和結晶の　成長には　湿潤状態　保持が肝要

養生の目的① (4-5-1)

コンクリートの硬化（テストピースの強度発現例）

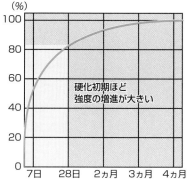

3日	30%
7日	50%
28日	83%
2ヵ月	93%
3ヵ月	98%
4ヵ月	100%

＊条件 ： 呼び方（24−18−20）
20±2℃の標準水中養生を実施
材齢4ヵ月を100%とした場合の強度発現例

養生期間

湿潤養生日数（建築コンクリート）

セメントの種類 ＼ 計画供用期間の級	短期および標準	長期および超長期
早強ポルトランドセメント*1	3日以上	5日以上
普通ポルトランドセメント*2	5日以上	7日以上
その他のセメント	7日以上	10日以上

＊1、＊2で、厚さ18cm以上の部材では、計画供用期間の級が短期および標準の場合は、圧縮強度が10N/mm²以上、長期および超長期の場合は15N/mm²以上に達したことを確認すれば、湿潤養生を打ち切ることができる。

（出典：JASS5）

湿潤養生期間の標準（土木コンクリート）

日平均気温	早強ポルトランドセメント	普通ポルトランドセメント	混合セメントB種
15℃以上	3日	5日	7日
10℃以上	4日	7日	9日
5℃以上	5日	9日	12日

温度にしても、セメントの種類にしても、硬化に長い時間を要するほど養生期間を長くする必要がある

（出典：コンクリート標準示方書）

期間は現場の事情が許す限りできるだけ長く、最低でも1週間程度は行なうことが大切です。

❷凍結防止のための養生

凍結防止のための養生とは、硬化初期にコンクリートが凍結すると、硬化後の品質に悪影響が出るため、**気温**が低い時期に、打設後のコンクリートの温度低下を防ぐための養生です。[*42] 外気と遮断（断熱）することで温度低下を防ぐ**保温養生**（コンクリートの硬化は発熱反応であり、硬化初期は外気よりかなり温かい）と、ジェットヒータなどで温める**給熱養生**（図4-5-2）があります。給熱養生の際は、コンクリートを乾燥させないような対策を併せて講じることが大切です。

凍結防止とは違いますが、温度が低いと硬化に時間がかかり工程に影響があるため、硬化を早めることを目的にコンクリートの温度を高めることもあります。

▶▶ 床面に対する養生

表面の押さえ作業が終了し、指で押しても跡がつかなくなる程度まで固まった後は、ただちに散水し、その水が逃げないように**ビニールシート**をかぶせるか、水をためるのが望ましい養生法です[*43]（図4-5-3）。凍結のおそれがある場合は、その上からさらにシートを被せるなどします。

▶▶ 型枠の解体

型枠の解体を急ぐと、解体時にコンクリートの角が欠けたり、解体後に露出面から多量の水分が蒸発して強度の伸びが止まり、所要の強度に達しなかったりするおそれがあります。このため建築学会の仕様書では、型枠を存置しておく（取り付けたままにしておく）期間を定めており、「計画供用期間の級が短期および標準の場合は強度が5N/mm²以上、長期および超長期の場合は10N/mm²以上に達したことが確認されるまで」とし、また20℃以上の場合は4日、10℃以上20℃未満の場合は6日経過すれば強度確認を行なわずに型枠を解体してよい、としています（図4-5-4図）。

梁や床の型枠の底面を支える支保工については、早期に外すと、強度不足のためにひび割れが生じることがあります。したがって、支保工は躯体のコンクリート強度が所要の強度に達するまで保持することが肝要です。

＊42：硬化初期に　凍結すると　コンクリの　強度が不足す　凍結防げ

　＊43：床面は　打設直後から　乾き出す　水分与え　水和促せ

養生の目的②（4-5-2）

凍結防止のための養生

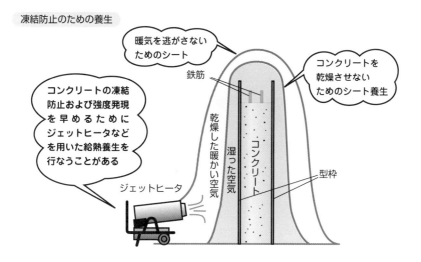

暖気を逃がさない
ためのシート

鉄筋

コンクリートを
乾燥させない
ためのシート養生

コンクリートの凍結
防止および強度発現
を早めるために
ジェットヒータなど
を用いた給熱養生を
行なうことがある

ジェットヒータ

乾燥した暖かい空気

湿った空気

コンクリート

型枠

床面に対する養生（4-5-3）

散水後、コンクリート面を
シートで覆っているところ

▲シート養生

コンクリートの上面
に水をためている

▲冠水養生

▶▶ 型枠解体後の養生

　型枠解体後の**湿潤養生**としては、コンクリート面に散水して、そこに**ビニールシート**をピッタリ張り付ける方法(図4-5-5下段左写真)を、私は提案しています。要点は、ビニールシートの下を湿潤状態に保つことで、シートの下が乾燥してきたときには水分を補給するのが基本です。[*44] シートがコンクリート面から浮いていると乾燥が進むため、シートの貼り付けは丁寧に行なうことが肝要です。なお、湿潤養生ではありませんが、専用の養生テープを張り付ける方法（図4-5-5下段右写真）も、水分の蒸発を防ぐことができ、一定の養生効果が期待できます。

　型枠解体後の養生は現場の事情が許す限りできるだけ長く、最低でも1週間程度は行ないたいところです。

COLUMN　洗濯物が乾きやすい日は注意

　コンクリート打設において注意しなければならないことの一つに、天候があります。雨の日の打設はコンクリート中に水が混ぜ込まれるため、望ましくないのはよく分かりますが、実は洗濯物が乾きやすい日も注意が必要です。

　なぜかと言うと、洗濯物が乾きやすいということは、水分が蒸発しやすいということであり、それはコンクリート中の水分についても同じだからです。硬化初期に蒸発する水の

▲打設後の養生

量が多いほど、コンクリートはひび割れが生じやすくなります。

　打設後すぐに発生した床面のひび割れの原因を教えて欲しいと、現場に呼ばれることがあります。「この現場は風が強くて」などという場合は、まずその風によって水分が多量に奪われたことが原因であると考えられます。

　もともと打設後にコンクリートを放置するのは問題ですが、コンクリートが直射日光にさらされる場合や風が強い場合、空気が乾燥している場合など、洗濯物が乾きやすい条件がある場合は、とくに水分が失われやすいため、水分の蒸発を防ぐために上からシートで覆うなどの対策を講じることが一層重要になります。

＊44：脱型後の　乾燥しがちな　表面の　うるおい保ち　水和促進

型枠の解体（4-5-4）

型枠の解体時期（建築コンクリート）

	基礎・梁側面・柱および壁		
セメントの種類	早強ポルトランド セメント	普通ポルトランド セメント	混合セメント B種
コンクリートの圧縮強度	「短期」および「標準」5N/mm²以上、「長期」および「超長期」10N/mm²以上		
コンクリートの材齢　平均気温20℃以上	2日	4日	5日
平均気温10℃以上 20℃未満	3日	6日	8日

＊床スラブ下、屋根スラブ下およびはりのせき板は原則として支保工を取り外した後に取り外す
＊支保工の存置期間は、スラブ下、梁下ともに設計基準強度の100％以上のコンクリート強度
　の確認が原則

（出典：JASS5）

▲型枠の解体

型枠解体後の養生（4-5-5）

▲型枠解体後の養生

▲専用テープによる乾燥防止養生

Q：壁構造、ラーメン構造って何ですか？

A：壁構造は壁で建物を支える構造で、英語で box structure とも呼ばれるように、箱形の構造です。変形が生じにくい特徴があります。壁構造には梁や柱がないため、マンションに採用した場合、生活空間をすっきりしたものとすることができる長所があります。一方、面のバランスが重要であるため、窓や出入り口などの開口部を大きくとることができず、また内部に大空間を持つような建物をつくることはできません。壁構造はマンションなど空間を細かく区切って使用したい場合に有効な構造で、規模の小さい中低層マンションなどに採用されています。

ラーメン構造の「ラーメン」はドイツ語でフレームを意味しており、柱と梁で建物を支える構造です。壁構造に比べて柔軟な構造であり、地震の際には変形することでエネルギーを吸収します。基本的に壁のない自由な空間をつくることができるため、空間をフルに活用したい倉庫のような建物や、中高層のマンションなどに採用されています。

Q：ひび割れが湿潤養生で塞がるって本当ですか？

A：ある年の7月下旬、その年は7月からかなり暑かったように記憶していますが、ハウスメーカーの方から連絡が入りました。住宅の基礎に生じたひび割れに対し施主からクレームがあり、困っているとのことでした。すぐに現場にかけつけました。打設は7月中旬に行なわれており、養生もなしに、炎天下に2週間放置されていました。既に大分時間が経っていましたが、とりあえず2週間湿潤養生を行ない、盆明けに養生の結果を見てから、改めてその後の対応を判断することになりました。

2週間後、ひび割れは完全には消えていませんでしたが、明らかに修復傾向が認められ、当初養生による修復について否定的だったお施主さんにも納得していただけたようでした。

セメントには性質の異なる4種類の化合物が含まれています。その中には強度発現の遅い化合物もあり、打設後多少時間が経過していても、湿潤養生によってその化合物が水和成長することで、ひび割れが塞がることがあるのです。

第 **5** 章

コンクリートの
劣化と検査

　コンクリートはかつて、「メンテナンス不要」「半永久の寿命がある」などと言われていました。しかし、竣工後 30 年程度で建て替えざるを得ないほど劣化が進んでいる建物もあり、認識を改める必要に迫られています。

　本章では、コンクリートはどのように劣化するのか、コンクリートの品質を知るためにはどのような検査をすればよいのか、といったことについて解説します。

コンクリートの劣化

石のように固いコンクリートですが、よく見ると、ひび割れなどの欠陥のない健全なものは非常にまれです。健全性が損なわれている原因には、乾燥収縮をはじめとしてさまざまなものがあります。ここでは、コンクリートの各種劣化原因と、その防止策について解説します。

▶▶ コンクリートのひび割れ

「コンクリートに**ひび割れ**はつきもの」そう言われることがあります。確かにひび割れのないコンクリートはまれですし、ひび割れがただちにコンクリートの大幅な機能低下をもたらすこともほとんどありません。日本コンクリート工学協会による「補修の要否に関するひび割れ幅の限度（図5-1-1）」には、「補修を必要としないひび割れ幅」という区分も設けられています。ある程度までのひび割れは容認するという見方です。

一方、ひび割れのないコンクリートもあります。ひび割れが生じないようにコンクリートをつくることも不可能ではないのです。

確かに、既にひび割れているものについては、機能低下につながらないものであれば許容してもいいのかもしれません。ただ、「ひび割れは仕方ない」そう考えることにより、本来すぐにでも改善すべき施工方法が改善されずにいるのも事実であり、それを見逃すことはできません。建設業に携わる方々は、コンクリートにひび割れが生じたときには、「コンクリートにひび割れはつきものだから仕方ない」とするのでなく、「ひび割れは異常事態である」と受け止め、真摯にその防止策に取り組むべきであると私は思っています。

▶▶ 乾燥収縮ひび割れ

コンクリートに生じるひび割れの大半は**乾燥収縮**が原因です。石のように固いコンクリートが乾燥しただけでひび割れるというのは、奇異に感じるかも知れません。しかし、コンクリートはゴムや鋼材などと異なり、ほとんど伸びることがないため、少しの変形でもひび割れが生じるのです。1mのコンクリートを両端から引っ張ったとき、伸びることができるのはわずか0.1～0.2mmで、それ以上引っ張るとひび割れが生じます。

コンクリートのひび割れ（5-1-1）

補修の要否に関するひび割れ幅の限度

区分　　　　　その他の要因*1　　環境*2		耐久性からた場合			防水性から見た場合
		きびしい	中　間	ゆるやか	―
(A)補修を必要とする ひび割れ幅(mm)	大	0.4以上	0.4以上	0.6以上	0.2以上
	中	0.4以上	0.6以上	0.8以上	0.2以上
	小	0.6以上	0.8以上	1.0以上	0.2以上
(B)補修を必要としない ひび割れ幅(mm)	大	0.1以下	0.2以下	0.2以下	0.05以下
	中	0.1以下	0.2以下	0.3以下	0.05以下
	小	0.2以下	0.3以下	0.3以下	0.05以下

*1　その他の要因(大、中、小)とは、コンクリート構造物の耐久性および防水性に及ぼす有害性の程度を示し、下記の要因の影響を総合して定める。
*2　ひび割れの深さ・パターン、かぶり(厚さ)、コンクリート表面の塗膜の有無、材料・配(調)合、打継ぎなど主として鋼材のさびの発生条件からみた環境条件。
　　　　　　　　　　　(出典:補修の要否に関するひび割れ幅の限度(日本コンクリート工学協会))

乾燥収縮ひび割れ（5-1-2）

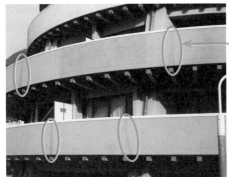

◀ バルコニー手摺りのひび割れ

◀ 床面のひび割れ

　一方、コンクリートを乾燥させた場合、使用材料、配合（主に練り水の量）にもよりますが、1m当たり0.5mm程度以上縮むとされています。この収縮に対し、コンクリートの大きさを保つためには、この収縮分だけ引っ張って長くすればいいわけですが、1m当たり0.5mmというのはコンクリートの伸び性能である1m当たり0.1〜0.2mmを大きく上回っています。コンクリートは乾燥させた場合、非常にひび割れやすいことが分かります。

　乾燥収縮ひび割れは、水分の蒸発に伴う収縮が原因です。したがって、練り水の量を少なくするほど、打設時に生コンを密実に締め固めて水を逃げにくくするほど、湿潤養生により硬化組織を緻密にするほど、生じにくくすることができます。[45] また、粗骨材を多く用いると、粗骨材が微細なひび割れの成長を拘束することにより、目に見える有害なひび割れを減らすことができます。これらの対策を講じることが求められているのです。

▶▶ 凍害

　一見しただけではよく分かりませんが、硬化コンクリートには微細な隙間が多量に存在します。その微細な隙間に水が浸入し、その水が凍ったり溶けたり（膨張と収縮）を繰り返すと、コンクリートにはひび割れや**表面の剥離**が生じます。[46] これが**凍害**です。凍害は水が凍ったり溶けたりを繰り返すことにより起きるものであるため、日が当たらない北面よりも南面において問題が生じる傾向があります。

　凍害防止策としては、**AE剤**によりコンクリート中に微細な気泡（クッションの役割を果たす）を連行するのが普通です（2-8節参照）。空気量は4.5%が標準ですが、凍結融解の繰り返しが多い寒冷地のコンクリートにおいては、6%程度にするのがよいとされており、併せて水セメント比を45%以下とする（硬化組織を緻密にする）ことで、非常に凍害に強いコンクリートになると言われています。

　AE剤を使用した場合、凍害の危険性が高い地域は、実はわが国では内陸の一部だけとされています（図5-1-3）。しかしAE剤を用いても、施工がおろそかにされ、コンクリート中に多量の水ミチが残されれば、凍害を免れません。一方、そもそも外部から水が供給されなければ凍害は生じません。私はAE剤で空気を混入させることよりも、入念に施工してコンクリートの密度を高め、コンクリート中に凍結可能な水を存在させないことの方が大切だと考えています。

※45：練り水を減らし　組織を緻密にし　ひび割れ減らし　高耐久化
※46：繰り返す　凍結膨張　圧力で　表面から徐々に　ボロボロ壊れる

凍害（5-1-3）

凍害危険度の分布図

● 内の数値は凍害危険度

凍害危険度	凍害の予想程度
⑤	極めて大きい
④	大きい
③	やや大きい
②	軽微
①	ごく軽微

（北海道）旭川 札幌 函館 室蘭 釧路
青森 秋田 新潟 盛岡 仙台 山形 福島 水戸
長野 富山 金沢 福井
高松 大阪 京都
松江 岡山 鳥取
福岡 広島 山口
佐賀 長崎
宇都宮 銚子 前橋 東京 横浜 千葉
松本 岐阜 静岡 甲府 名古屋 津 奈良 和歌山 姫路 徳島 高知 松山 大分 熊本 宮崎 鹿児島

N

*凍害重み係数t(A)：良質骨材、またはAE剤を使用したコンクリートの場合

> AE剤を用いなくても入念に
> 締め固めたコンクリートは
> 凍害の被害を受けません

◀ 小樽港防波堤

▶▶ 塩害

　コンクリート中の鉄筋は、セメントの強アルカリによって表面に保護膜が形成されており、通常は錆びにくい状態にあります。しかし、コンクリート中に**塩化物イオン**が多く含まれると、この保護膜は破壊され、腐食が進行します。それが塩害です。鉄筋は錆びる（腐食する）と体積が増すため、腐食が進むと鉄筋を覆っているコンクリートが押し出され、剥がれ落ちることもあります。

　塩害の原因としては、かつては塩分を除去しない**海砂**の使用が筆頭に挙げられていました。しかし現在は、基本的に除塩されない海砂がそのまま使われることはまずありません。現在認められる塩害は通常硬化後のコンクリート表面から浸入した塩化物イオンが原因となっています。潮風によって運ばれた塩分や道路構造物の**凍結防止剤**に含まれる塩化物イオンが、塩害を引き起こしているのです。

　ところで、塩化物イオンが鉄筋まで移動しなければ鉄筋が腐食することはありません。したがって、コンクリート中の塩化物イオンの移動を防ぐことができれば、鉄筋の腐食は防止できます。塩化物イオンは水分に溶け込んで移動することから、塩害防止には表層部を中心に水が移動しにくい緻密な硬化組織にする（密度を高める）こと、表面を被覆することが効果的です[47]（図5-1-4）。

▶▶ 中性化

　コンクリート中には多量の水酸化カルシウムが存在しており、通常pH12を超える強い**アルカリ性**を示します。しかし、アルカリ性のモトであるその水酸化カルシウムは、大気中の**二酸化炭素**などと反応するため、アルカリ性は表面から徐々に失われていきます。これが**中性化**です。最初は強アルカリによって保護され、錆びにくくなっているコンクリート中の鉄筋が、中性化により次第に錆びやすくなっていくわけです。[48]

　中性化深さの確認には、通常**フェノールフタレイン**[*]が用いられます。実体から採取したコアにフェノールフタレインのエタノール溶液を噴きかけ、変色しないところが中性化（アルカリ性が失われている）範囲で、表面から変色部分までの深さが「中性化深さ」となります（図5-1-5）。

　なお、中性化は二酸化炭素等の酸性物質がコンクリート内部に浸入することにより進行するものです。したがって、表層部の硬化組織を緻密にし（密度を高め）たり、表面を被覆することにより、二酸化炭素等を浸入しづらくすれば、その進行を遅らせることができます。

＊47：鉄筋の　腐食促す　塩化物　緻密な組織で　浸入防げ
＊48：コンクリは　中性化すると　鉄筋の　保護失われ　腐食進行
＊フェノールフタレイン：アルカリ性で赤紫色に変色する。

塩害（5-1-4）

塩害

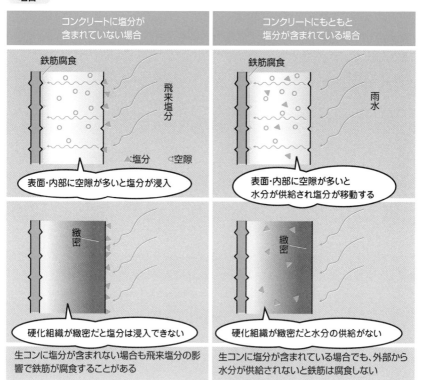

コンクリートに塩分が含まれていない場合	コンクリートにもともと塩分が含まれている場合

鉄筋腐食　飛来塩分

▲:塩分　○:空隙

表面・内部に空隙が多いと塩分が浸入

鉄筋腐食　雨水

表面・内部に空隙が多いと水分が供給され塩分が移動する

緻密

硬化組織が緻密だと塩分は浸入できない

緻密

硬化組織が緻密だと水分の供給がない

生コンに塩分が含まれない場合も飛来塩分の影響で鉄筋が腐食することがある

生コンに塩分が含まれている場合でも、外部から水分が供給されないと鉄筋は腐食しない

中性化（5-1-5）

フェノールフタレイン溶液を吹きかけたときに、変色しない（赤紫色にならない）ところが中性化範囲

▲フェノールフタレイン1%エタノール溶液を吹きかけたコア

▶▶ アルカリ骨材反応

　アルカリ骨材反応とは、コンクリート中のアルカリ分と、骨材中のアルカリ反応性鉱物との反応のことです。反応によって**アルカリシリカゲル**という吸水性の物質が生じますが、この物質には吸水すると膨張する性質があり、膨張圧によってコンクリートを内部から破壊します。

　内部に鉄筋が埋設されていないコンクリート（無筋コンクリート）や拘束の小さいコンクリートには、方向性のない**亀甲状**のひび割れが生じる一方、太い鉄筋で拘束されているコンクリートの場合は、拘束方向と直角なひび割れは生じにくく、鉄筋と平行なひび割れが亀甲状のひび割れと併せて生じる傾向があります（図5-1-6）。なお、ひび割れからは、白色の**ゲル状物質**がにじみ出てくることもあります。

　反応性鉱物としては、火山ガラス、クリストバライト、トリディマイト、オパール、微小石英、歪んだ結晶格子の石英などがあります。「反応性鉱物が多いほど、膨張量は大きくなる」わけではなく、反応性鉱物がある割合の時に膨張量は最大化します。そのときの反応性骨材の割合を**ペシマム量**と言います（「ペシマム」は「最も不利な条件」を意味します）。なお、ペシマム量は反応性鉱物の種類によって異なります。

　アルカリ骨材反応を防止するには、「反応性のある骨材を使用しない」「コンクリート中のアルカリ量を一定値以下とする」「**高炉セメント**（高炉セメントの分量40%以上）、または**フライアッシュセメント**（フライアッシュの分量15%以上）を用いる」ことなどが有効とされています。一方、アルカリシリカゲルが生成しても、吸水しなければ膨張はしないため、入念な施工により表層部を中心に水の浸入しにくい緻密な硬化組織にしたり、表面を被覆すれば、基本的にコンクリートに悪影響は及びません。[*49]

　以前は、アルカリ骨材反応は日本にはないといわれていましたが、良質な骨材の減少に伴い、1980年代に入って、国内においても少なからず事例が報告されるようになり、対応策がさかんに研究されました。抑制対策が講じられるようになってからは、新設構造物においてアルカリ骨材反応を発症するものはあまりないようですが、近年になり、1970年代に施工されたコンクリートを中心に**異常膨張**によって鉄筋が破断している事例が多く見つかり、再び注目を集めています。

　なお、アルカリ骨材反応に限らず、ほとんどの劣化はコンクリートを密実にすることで防止できるため、それぞれの劣化に対する特殊な防止策を講じるよりも、密度の高いコンクリートをつくることが大切だと私は思っています。

* 49：アル骨の　膨張圧力　強力も　水の浸入　防げば OK

アルカリ骨材反応（5-1-6）

アルカリ骨材反応で生じるひび割れ

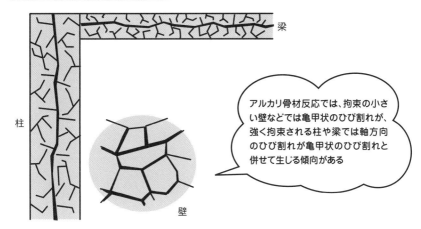

アルカリ骨材反応では、拘束の小さい壁などでは亀甲状のひび割れが、強く拘束される柱や梁では軸方向のひび割れが亀甲状のひび割れと併せて生じる傾向がある

アルカリ骨材反応抑制対策

❶反応性のある骨材を使用しない

❷コンクリート中のアルカリ量を一定値以下とする

❸高炉セメントB種（高炉スラグの分量40％以上）もしくはC種

またはフライアッシュセメントB種（フライアッシュの分量15％以上）もしくはC種

を使用する

❹コンクリートを高密度化する

コンクリートの密度を高めればアルカリ骨材反応だけでなく、ほとんどの劣化は防止できます

第5章　コンクリートの劣化と検査

5-2

コア抜き検査

実体コンクリートの検査方法には非破壊検査法もありますが、現在のところ非破壊検査では精度よくコンクリート品質を評価できません。耐震診断やひび割れ等の調査において、通常コア抜き検査が行なわれるのはそのためです。ここではコア抜き箇所の選定の仕方、コア抜き検査の方法、抜き取ったコアの評価方法について解説します。

▶▶ コア抜き箇所の選定

同じ生コンを用いても、部位によって硬化コンクリートの品質は異なります。コンクリートは密実であるほど、品質の優れたものとなりますが、部位によって**材料分離**の影響の仕方や自重のかかり方が異なることにより、密実さに違いが生じるためです。

壁や柱の下部は、自重による圧密作用により、密実になる傾向がある一方、壁や柱の上部は、上から荷重がかからず、またブリーディング現象により水セメント比が大きくなるため、密度が小さくなる傾向があります。水の多い柔らかい生コンを用いると、材料分離はとくに激しくなり、上部と下部の品質差は非常に大きなものとなります。コアの**採取箇所**の選定は慎重に行なう必要があるわけです。 [*50]

私が検査する際は、基本的に以下の4ヶ所を一組としてコア採取を行なっています（図5-2-1）。

❶床面図（図5-2-1左写真）

床面は最も品質が劣る傾向があります。上から荷重がかからないうえに打設作業が雑になりやすく、また、通常養生が実施されず、打設直後から外気にさらされることが多いためです。加圧作業や養生作業を適切に実施することにより、良好な品質のコンクリートとなります。

❷壁上部（図5-2-1右写真）

壁上部は強度が小さくなる傾向があります。**ブリーディング現象**により、水セメント比が大きくなるためです。充填作業と再振動締め固め作業で入念に締め固めを行なうことにより、良好な品質のコンクリートとなります。

＊50：品質の　劣るところで　コア採取　品質評価は　安全側で

コア抜き箇所の選定（5-2-1）

コア抜き箇所

3F

❶

2F

❷

❸
❹

1F

コアの採取箇所

❶ 床面:上から荷重がかからないため、
　　強度を高めるのが難しい

❷ 壁上部:ブリーディング現象により
　　強度が小さくなる

❸ 壁下部:圧密現象により強度が大きく
　　なる

❹ 打ち継ぎ部:打ち継ぎ処理が適切に
　　行なわれないと、打継ぎ部で剥離する

> 強度の傾向　❶＜❷＜❸
>
> 作業が入念に行なわれるほど❷と❸の
> 品質差は小さくなります

▲床面からのコア採取

▲上部からのコア採取

第5章　コンクリートの劣化と検査

③壁下部

壁下部は強度が大きくなる傾向があります。**圧密現象**により水がしぼれ、水セメント比が小さくなるためです。充填作業と再振動締め固め作業で入念に締め固めることにより、②と③の品質差は小さくなります。

④打ち継ぎ部

レイタンスの除去等、打ち継ぎ作業を正しく行なうことにより、打ち継ぎ状態は良好となります。

鉄筋位置の確認

コア採取は、鉄筋を切断しないように行なうのが基本です。**鉄筋探査機**を用いれば、コンクリート内部の鉄筋の位置を知ることができ、鉄筋を切断することなくコア抜きを行なうことができます[51]（図5-2-2左写真）。

鉄筋探査機には、**電磁波レーダ方式**と**電磁誘導方式**があります。前者は電磁波がコンクリート中の異物で反射する際の反射波から、後者は鉄筋探査機がつくり出す磁界の乱れから鉄筋位置を割り出す方式です。

いずれの方式の鉄筋探査機も、鉄筋の位置がコンクリート表面から深くなるほど誤差は大きくなりますが、5cm程度以下の通常の**かぶり厚さ**では、探査性能に大差はないようです。

鉄筋の深さを確認したい場合は、コンクリートの乾湿状態などの影響を受けない電磁誘導方式の方が優れており、一方レーダ方式は、作業員の技能等にもよりますが、コンクリート内部に埋め込まれている鋼材以外の電気配管などもある程度までは探知できるのが長所です。

電気配管の切断を確実に回避するためには、**X線**を採用する必要があります。X線は、厚さ40cm程度までの部材に適用可能です[51]（図5-2-2右写真）。

コア採取

コンクリートのコアは、コアドリルを用い、ダイヤモンドのチップが埋め込まれた円筒状の刃を高速回転させて、採取します。採取コアの直径について、JISでは「一般に粗骨材の最大寸法の3倍以下としてはならない」とされています。粗骨材の最大寸法は通常20mmか25mmであり、採取コアの直径は70〜100mmが普通です。[52]

＊51：X線　鉄筋探査機　用いれば　埋設物も　ヒョイとかわせる
＊52：10cmの　穴はさすがに　困るけど3cmなら　いいんじゃないの？

第5章 コンクリートの劣化と検査

鉄筋位置の確認（5-2-2）

▲鉄筋探査

▲ X 線

コア採取（5-2-3）

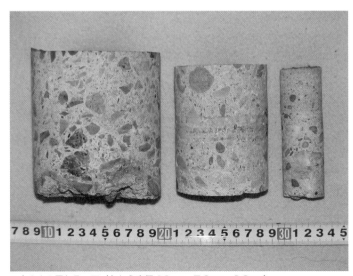

▲大きさの異なるコア（左から直径 10cm、7.3cm、3.3cm）

しかし、私のこれまでの経験では、もっと小さなコアであっても、十分精度よく品質推定することは可能です（図5-2-3）。私が検査する際には通常、直径35mm、長さ100mm程度のコアを抜き取るようにしています。径が小さければ、構造物に与える影響を小さくでき、また、壁などの薄い部材でも貫通させなくてすむ＊ため補修も容易であり、さらには、鉄筋の切断も回避しやすくなります。＊52

コア採取後の穴は、**無収縮モルタル**などを用いて補修します。

▶▶ 品質試験

採取コアに対する試験としては、私は基本的に**圧縮強度試験**のほか、耐久性の指標となる**見かけ密度**と**吸水率**についての試験の実施を提案しています。施工後数年以上経過している構造物から採取した**コア**の場合では、**中性化試験**も**耐久性**の評価に役立ちます。その他にも目的に応じたさまざまな品質試験があり、ここではそれらの各種試験について簡単に説明します。

❶圧縮強度試験

圧縮強度試験を実施する場合、採取コアの直径と高さの比を1：2にするのが基本です。また、荷重が面に対して均一にかかるように、両端を研磨またはキャッピング＊により平滑にします。十分な高さが得られない場合は、見かけ上強度が大きめに出るため、得られた見かけ上の強度に対し、所定の補正係数（図5-2-4上表）を掛け合わせたものを圧縮強度とします。基本的に直径と高さの比が1：1以上であれば、補正できるとされています。なお、実際には直径と高さの比だけから一律に強度を補正できるものではなく、私はやむを得ない場合を除いてあまり補正係数は使わない方がよいと思っています。

試験結果は通常、設計基準強度との比較により評価します。

❷見かけ密度試験・吸水率試験

見かけ密度・吸水率は、一般的にはあまり評価の対象とされることはありません。しかし、これらの試験から得られた結果からは、耐久性の目安となるコンクリート中の隙間の量を推定できるため、私は圧縮強度とともに重視しています。見かけ密度の値が大きいほど、吸水率が小さいほど、隙間が少ない傾向があることから、耐久性に優れたコンクリートであると評価できます。＊53

＊……貫通させなくてすむ：圧縮強度試験を行なう場合、基本的に直径の2倍の長さが必要。
＊52：10cmの　穴はさすがに　困るけど3cmなら　いいんじゃないの？
＊キャッピング：硫黄やセメントペーストなどを薄く被せ、端部を平滑にすること。

品質試験① (5-2-4)

補正係数

高さと直径との比 h/d	補正係数	備考
2.00	1.00	h/dがこの表に表す値の中間にある場合、補正係数は、補間して求める
1.75	0.98	
1.50	0.96	
1.25	0.93	
1.00	0.87	

*表中に示す補正係数は、補正後の値が40N/mm²以下のコンクリートに適用する
*供試体の高さと直径との比が1.90より小さい場合は、試験で得られた圧縮強度に上表の補正係数を乗じて直径の2倍の高さをもつ供試体の強度に換算する

(出典:JIS A 1107)

▲隙間の多いコンクリート（左）、密実なコンクリート（右）

隙間の量が多いと、見かけ密度は小さく、吸水率は大きくなります

第5章 コンクリートの劣化と検査

＊53：強度だけじゃ　耐久性は　分からない　空隙の量　調べて評価

見かけ密度とは単位体積当たりの質量のことで、供試体の質量を体積で除して求めます。私は配合表における各材料の単位量の和を基準として評価しています（図5-2-5 上説明）。

吸水率は、絶乾状態のコンクリートの質量に対する、表乾状態のコンクリートに含まれる水の質量の割合で、コンクリートの吸水率は5 〜 10%程度といわれています。ちなみに砂利は吸水率3.0%以下のものを使用するよう規定されています。吸水率が大きいということは隙間が多く存在することを意味し、吸水率の大きい砂利は品質が劣る傾向があるためです。私がコンクリートの吸水率を意識することもご理解いただけるのではないかと思います。

❸ 中性化試験（P176参照）

施工後数年以上経過したコンクリートの場合、中性化試験の結果からも耐久性を評価することができます。コンクリートにひび割れなどの欠陥がない場合、**中性化**が鉄筋位置まで進むことで、腐食に対する保護が失われます（実際は**中性化深さ**が鉄筋の位置まで到達する少し前から鉄筋は腐食し始める）。このことから、鉄筋のかぶり厚さに対し、中性化がどれだけ進んでいるかによって、鉄筋が腐食するまでの期間を予測することができるのです。当然ながら、硬化組織が緻密であったり、コンクリートが被覆されたりしている場合、中性化の進行は遅くなります（図5-2-5 下図）。

なお、中性化が進んでも、水分の供給がなければ鉄筋は錆びないため、鉄筋の錆びやすさを評価するためには、中性化深さに加え環境条件も考慮することが肝要です。中性化は主にコンクリートと二酸化炭素との反応であるため、二酸化炭素濃度の高い屋内側の方が、屋外側よりも速く進行します。しかし、普通錆びやすいのは、雨水の影響を受けやすい屋外側の鉄筋であり（建築の壁は通常2組の鉄筋が埋設されるダブル配筋です）、評価すべきは屋外側の鉄筋の錆びやすさです。

❹ 塩化物イオン含有量試験（P176参照）

採取したコアを微粉砕し、それを硝酸溶液で溶かして、電位差滴定する方法のほか、さまざまな試験方法があります。**塩化物イオン濃度**1.2kg/m^{3}が鉄筋が錆びる目安とされています。ちなみに生コン中の塩化物イオン濃度の上限の標準値は0.3kg/m^{3}です。

品質試験② (5-2-5)

見かけ密度の基準値の算出法

配合表(kg/m³)				
セメント	水	細骨材	粗骨材	混合剤
365	170	700	1060	4.02*

見かけ密度の基準値は
1m³の生コンを製造するのに用いる各材料の使用量の和
上表の場合
365＋170＋700＋1,060＝2,295kg/m³≒2.30g/cm³

＊混和剤の質量は水の質量の中に含まれているため基準値を求める際には加えない

耐久性を評価するには見かけ密度や吸水率を調べてコンクリート中のすき間の量を確認するといいですね

仕上げ材と中性化深さの比

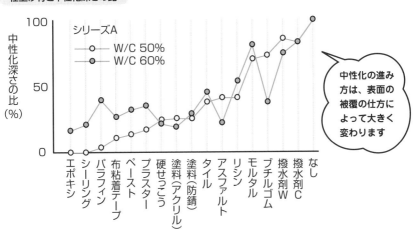

中性化の進み方は、表面の被覆の仕方によって大きく変わります

中性化深さの比(%)

シリーズA
○ W/C 50%
● W/C 60%

エポキシ／シーリング／パラフィン／布粘着テープ／ペースト／プラスター／硬せっこう／塗料(アクリル)／塗料(防錆)／タイル／アスファルト／リシン／モルタル／ブチルゴム／撥水剤W／撥水剤C／なし

❺アルカリ骨材反応（P178参照）

膨張反応や白色物質の析出が**アルカリ骨材反応**によるものかどうかを特定するための方法としては、走査電子顕微鏡による拡大観察、化学成分分析や元素分析による方法、アルカリシリカゲルに放射性物質の酢酸ウラニルを吸着させ、UVライトで蛍光色を確認する方法（酢酸ウラニル蛍光法）などがあります。

また、アルカリ骨材反応が生じているコンクリートについて、あとどれくらい膨張するのか（**残存膨張量**）を知るための方法として、**促進養生**による方法が示されています。促進養生の方法にはいくつかありますが（図5-2-6上表）、いずれの方法にしても、促進養生の条件と実体コンクリートが置かれている環境条件は大きく異なるため、実際のところ促進養生の結果から実体コンクリートの残存膨張量を推定することにはやや無理があります。

❻配合分析

コアを微粉砕したものを、高い温度で熱したときの質量の減少量から結合水量を、塩酸で処理した際に溶けずに残る物質の量から骨材の量を、酸化カルシウムの量からセメント量を推定することができます（図5-2-6）。なお、打設時の配合を推定するために配合分析が行なわれることがありますが、実体コンクリートにおいては、材料分離により材料の割合は場所ごとに大きく異なっており、実際のところ、躯体から採取したコアで使用した生コン配合を特定することはできません。

❼微細構造

走査電子顕微鏡によって、試料の表面の状態を拡大観察することができ、空隙の分布状態を明らかにできるほか、アルカリシリカゲルの特定なども行なうことができます。

❽物質の分布状態

電子線マイクロアナライザー（EPMA）を用いると、特定元素の有無はもちろん、その存在量まで知ることができます。採取コア中の特定元素の分布量を異なる色で表現すれば、元素の分布状況は一目瞭然です。例えば塩素（Cl）の分布状況を示せば、塩化物イオンがコンクリート中にどれだけ浸透しているのかが分かります（図5-2-6下写真）。

促進養生試験方法

試験方法	養生条件	試験期間
JCI-S-011	40℃、湿度95%以上	膨張が収束するまで
飽和NaCl溶液浸漬法（デンマーク法）	50℃、NaCl溶液	13週
アルカリ溶液浸漬法（カナダ法）	80℃、NaOH溶液	4週

配合分析

コンクリート塊の単位容積質量および付着水測定

↓

試料を乾燥

↓

105μmふるい全通程度に微粉砕

↓

600℃における強熱減量測定

↓

試料を塩酸（約N/10）で処理

↓

不溶残分、酸化カルシウムを定量

→

不溶残分値から骨材料を酸化カルシウム値からセメント量を計算

↓

600℃強熱減量値より結合水量を推定

↓

セメント、水、骨材の単位量算出

セメントおよび骨材の分析値が既知の場合はその値を、未知の場合は全国平均値を用いる。

（出典:硬化コンクリートの配合推定法（セメント協会））

物質の分布状態

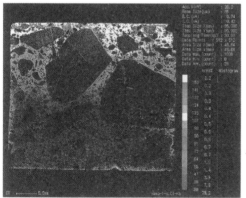

◀ 塩害地域の道路橋桁から採取したコアの塩化物分布状況
（出典：「コンクリート診断技術 '09 ［基礎編］」日本コンクリート工学協会）

5-3

非破壊検査

　非破壊検査とは、コンクリートを傷つけずに行なう検査です。コア抜き検査よりも精度は劣りますが、手軽に実施できるものが多く、広範囲にわたって構造物のコンクリートの品質を確認できます。[*54]　コア抜き検査と併せて行なえば、実体品質との相関関係を利用することで、両者の利点を生かすことができます。

▶▶ 目視

　コンクリート品質は、表面の色から推定できます。黒っぽいコンクリートほど密度が高く、品質が優れている傾向があります。

　このことは、コンクリートの壁面において品質の劣る上部が白く、品質の優れている下部が黒くなる傾向があることからも分かります。型枠存置期間を長くするとコンクリートが黒っぽくなるのも、水和結晶の密度が高まり、品質が向上するためです。

　色の白いコンクリートは一見きれいに見えますが、基本的に養生が不足していることを示唆しています。

▶▶ 触手

　コンクリート品質は、コンクリート表面の手触りなどからも推定できます。品質の優れたコンクリートは表面が緻密なガラス質となります。コンクリート表面を指で擦ったときに白い粉がつくのは、表面が壊れていることを意味し、品質が良くないことを示唆しています。

　以前、土間のコンクリートで、「ホウキで掃くたびに、チリトリいっぱいの白い粉が取れる」といって相談してきた方がいましたが、これも表層部に空隙が多く、弱くなっている証拠です。

▶▶ 打撃法

　コンクリート品質は、表面を金槌などで叩いたときの音からも推定できます。打撃音が高い場合は、硬化組織が緻密な傾向があり、反対に打撃音が低い場合は、硬化組織中に微細な空隙が多い傾向があります。また、乾いた音がする場合は、内部に空洞が存在することを示唆しています。

＊54：見て聴いて　触って分かる　こともある　五感も使って　品質評価

非破壊検査① (5-3-1)

▲目視：左は通常の方法で作製した供試体。右は
加圧成形した高密度の供試体

色が黒いほど、密度の高い、品質の
優れたコンクリートである傾向があ
ります

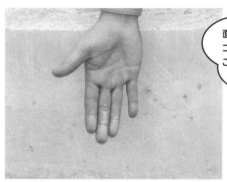

▲触手：指に白い粉がついている

面を指で擦ったときに白い粉が付く
コンクリートは、表面が壊れている
ことを意味しています

▲打撃法

打撃音が高音（金属音）のコンク
リートは、硬化組織が緻密な、高
品質のコンクリートである傾向が
あります

▶▶ 引っ掻き法

釘などを用いて表面を引っ掻いたときの傷のでき方から、表層付近のコンクリート品質を推定できます。傷が太く描けるほど、強度が小さいことを意味します。硬化初期に**引っ掻き試験**を行なえば、コンクリートの硬化具合の目安が得られ、脱型の可否を判断することができます。

▶▶ 反発度法

コンクリート品質は、**リバウンドハンマ**[*]（シュミットハンマ）の反発度、およびハンマの打撃時の音から推定できます。

反発度の数値は表面の硬さ（**表面硬度**）を示していますが、表面硬度は強度とある程度相関があるため、試験結果はしばしば強度に換算されています。しかし、強度換算にあたっては、コンクリート表面の乾湿の状態、コンクリート表面の粗度、使用骨材、骨材寸法、配合、施工、環境条件、測定方法など、さまざまな誤差要因があり、その誤差は決して小さなものではありません。とくに施工後数年以上経過したコンクリートの場合、中性化により表面が硬くなることで一層評価しづらくなっており、強度への換算には注意が必要です。

私は、基本的に反発度は強度に換算するのでなく、そのまま反発度としてとらえるようにしており、**強度換算**するのであれば、併せてコア抜きも行なう事が大切だと思っています。

▶▶ 超音波測定法

コンクリートの品質は、コンクリート中の**超音波の伝播速度**から推定することができます。基本的に隙間が少なく、密度が高いほど、つまり品質の優れたコンクリートほど、超音波の伝播速度は速い傾向があり、また、水和結晶の成長が進むにつれ伝播速度は速くなります。逆に伝播速度が速いコンクリートは強度が大きい傾向がありますが、伝播速度はコンクリート中の水分や空気の量にも大きく影響されるため、圧縮強度に換算できるほど強度との相関はありません。

ちなみに、通常コンクリートの超音波伝播速度は4,000 ～ 4,500m/秒程度で、伝播速度が5,000m/秒を超えるコンクリートは、「密度の高いコンクリート」とみなすことができます。

---

[*] リバウンドハンマ：ばねの力を利用することにより、一定の力でコンクリート面を打撃し、その跳ね返り強さを数値として求める器具。強度推定に用いられる。シュミットハンマは商品名。テストハンマとも言う。

非破壊検査② (5-3-2)

引っ掻いたときにできる傷が太いほど
強度が小さい傾向があります

▲引っ掻き法：けがき針でコンクリート表面を引っ掻いているところ

リバウンドハンマの反発度が大きい
コンクリートほど、表面硬度が大き
く、強度も大きい傾向があります

▲反発度法

超音波の伝播速度の大きいコンク
リートほど、密度の高い、高品質の
コンクリートである傾向があります

▲超音波測定法

第5章 コンクリートの劣化と検査

Q：バイブレータに「かけ過ぎ」はありますか？

A：「バイブレータにかけ過ぎはあるのか」ということは昔から議論の対象になっていたようです。バイブレータを長時間かけるほど粗骨材が沈み、上部はモルタルばかりになる。モルタルはひび割れやすく、そのような分離を生じさせるような作業は、望ましいこととはいえません。それはやはり「バイブレータのかけ過ぎ」ということになるのかもしれません。

ところで、実際現場において「かけ過ぎ」といえるほどのバイブレータ作業が行なわれているでしょうか。作業員がバイブレータを1箇所にとどめることで、その部分だけ「かけ過ぎ」になるということはあるかもしれません。しかし、その場合に問題とすべきはおそらく「フットワークが悪過ぎ」ることです。なお、私は基本的にバイブレータ作業により激しく分離するような生コンは、本来使うべきではないと思っています。

「型枠がはらむから」「ペーストが漏れるから」作業を控えめにすべきといわれることもあります。しかしその場合は、型枠の組み方をこそ改善すべきです。

Q：構造物を解体した後のコンクリートはどうしているのですか？

A：住宅の基礎も鉄筋コンクリートですが、建て替えの際には30坪程度の一般的なコンクリート基礎で、20 t程度のコンクリート廃材が出ます。現在、我が国のコンクリート廃材の年間排出量は4000万 t ともいわれています（生コン生産量は年間1億8000万 t 程度）。また今後数十年の間に高度経済成長期に造られた多くのコンクリート構造物が寿命を迎えることが予想されており、ますますコンクリート廃材は増えてゆくことが見込まれています。

ところで、古い構造物が取り壊されたあとの廃材は、その後どうなっているのでしょうか。実は、コンクリート廃材については98％もの高い割合で再利用されています。リサイクル率だけを見ると、何も問題はないようにも思われます。しかし、リサイクルの用途は主に道路の路盤材であり、道路需要の減少から今後は路盤材としての使用は見込めなくなっています。現在はまだほとんど実績がありませんが、廃材から取り出した骨材を再びコンクリートに利用する流れを早急に確立することが求められています。

第 **6** 章

コンクリート工事の
実際

　ここまでコンクリートの基礎知識を中心に、項目ごとに説明してまいりました。コンクリートをより良いものとするには、それらの知識を現場で実際に活かすことが不可欠であり、そのためには、コンクリート工事の現状を正しく理解しておくことが欠かせません。

　そこで本章では、「現在軽視されているけれども本来行なうべき重要なこと」について強調しながら、現場の作業の流れに沿った形で、コンクリート工事の要点について解説します。

6-1

鉄筋・型枠工事

　　耐久性に優れた鉄筋コンクリート構造物を造るためには、コンクリートを入念に締め固める必要があります。しかし、現在鉄筋、型枠の組み方は、必ずしも入念な締め固めを行なえるよう意識したものとはなっていません。ここでは、鉄筋コンクリートを造るための作業の一部として、鉄筋・型枠工事を見ていきます。

▶▶ 鉄筋工事

❶バイブレータの挿入空隙

　　コンクリートをひび割れのない高耐久のものとするためには、私は固い生コンを入念に締め固め、密実にすることが、肝要であると考えています。入念に締め固めるためには、**バイブレータの挿入空隙**を確保することが欠かせません。基本的に**口径50mm**のバイブレータを使用するのが望ましく、とくに弊社が推奨している**スランプ12cm**以下の固い生コンを使うためには、少なくとも40mmのバイブレータを挿入できるようにすることが不可欠です。また、**柔らかい生コン**でも、**充填不良**を防ぐためには、単に型枠の中に流し込むのでなく、バイブレータを型枠の下部まで挿入し、振動を与えるのが基本であり、バイブレータを挿入できるよう鉄筋を組み立てる（図6-1-1中段写真）ことは非常に重要です。

　　実際はどうでしょうか。私は打設前に現場へ行くと、担当者にバイブレータの挿入空隙を確保できているか確認するようにしています。「40mmは大丈夫です」そのように言われても安心できません。そのような回答にもかかわらず、打設時にバイブレータが入らないことは少なくないからです。自分の目でしっかり確認していないのです。鉄筋を組み立てるときからバイブレータ挿入の可否について意識を持っていると、それだけでもバイブレータをより挿入しやすくすることができます。鉄筋を少し寄せたり、状況によっては梁の主筋を二段筋にする、といった方策を講じることができるためです。

　　現実には部材の大きさと鉄筋量の関係から、どうしてもバイブレータの挿入が困難なこともあります（図6-1-1下段写真）。外部に現われる充填不良は確認も補修もできますが、鉄筋が込み合った内部に、充填不良が存在しても通常それに気づくことはありません。鉄筋が過密な箇所に本当にコンクリートを隙間なく充填でき

鉄筋工事① (6-1-1)

▲とくに固い生コンの打設では口径50mmのバイブレータを挿入できるようにするのが基本

▲バイブレータ挿入空隙の確認

鉄筋を組み立てる時からバイブレータの挿入空隙を意識することが大切です

▲過密な鉄筋

ているのか、あやしんでいるのは私だけではないに違いありません。鉄筋コンクリートはコンクリートをしっかり充填できてこそ成立するものであり、そもそもそのような配筋を許容すべきではないと私は思っています。

❷鉄筋の変形

床の鉄筋の上を歩いたとき、ガシャガシャと音がすることがあります。それは鉄筋が適切に結束されていないことを意味しています。とくに端部は結束が不十分なことが多く、その上を歩くと鉄筋が跳ね上がるのはよくあることです。生コンが充填されると鉄筋の動きは見えなくなりますが、とくに柔らかい生コンを用いた場合には、生コン充填後も作業員の移動に伴い内部で鉄筋は大きく動きます。**付着**の低下などが懸念されるわけです。これを防ぐには、鉄筋をしっかり結束し、動かないようにしておくことが欠かせません。

また応力の小さい床に、**D10** * の細い鉄筋が多く用いられることがあります。構造計算上はD10でよくても、細い鉄筋を多く用いると、鉄筋は大きく変形します（図6-1-2上段写真）。存在すべき箇所に存在しない鉄筋は、構造計算の前提を損ねることになり、意味をなしません。大きな変形をスペーサだけで防止することには無理があります。施工の面から鉄筋の太さを考えることも重要です。

鉛直方向の鉄筋も、生コン充填後にグラグラ揺れると付着力が低下するため、なるべく揺れないように組み立てるとともに、打設中に鉄筋を動かさないような配慮も必要です。

❸スペーサの付け方

スペーサの使用数は、「何m²に1個」という決め方がされていますが、「とりあえず所定の個数だけ付けておけばよい」そのようなスペーサの付け方を見ることがよくあります。しかし、スペーサの目的は適性なかぶりの確保です。変形しているもの（図6-1-2中段写真）、斜めに設置されているもの、完全に浮いているものは、基本的に単なる異物です。充填の妨げにこそなれ、付ける意味はありません。

ドーナツスペーサを縦筋に**横掛け**するのも少なからず目にします（図6-1-2下段写真）。これはかぶりの確保については問題ありませんが、生コンを充填しづらくするなど、施工に悪影響を与えるため、横筋に縦にかけるのが基本です。

＊ D10:D は異形鉄筋であることを示し、10 はおおよその直径（mm）。建築で使われる鉄筋は D10 ～ D35 が多い。

鉄筋工事② (6-1-2)

▲打設中に乱れた鉄筋

スペーサはただ付けるのでなく、しっかり役割を意識して取り付けることが大切です

▲変形したスペーサ

▲横掛けのスペーサ下の充填不良

▶▶ 型枠工事

❶ノロ漏れ

型枠の下部に広い隙間がある状態（図6-1-3上段写真）のまま打設を行なっているのをしばしば目にします。しかし、型枠の下部、継ぎ目からノロ分が漏れ出すと、表面に砂利が露出するなど充填不良になります（図6-1-3中段写真）。

コンクリートを密実にするためには、入念に締め固めることが肝要です。一方、型枠からノロ分が漏れやすい状況にあると、入念に締め固めるほど漏れが激しくなり、逆に充填不良がひどくなることもあります。打設業者に充填不良の補修を行なわせることがあるようですが、どのようにしても良いコンクリートを造るのが困難な、このような打設環境で作業させるのは酷なことです。良いコンクリートを造るためには、型枠の隙間を塞いでおくこと、継ぎ目が開かないようにしておくことが欠かせません。[*55]

❷型枠の清掃、補修

現在最も一般的な合板製の型枠は、3，4回の繰り返し使用（**転用**）が標準とされていますが、実際には費用を抑えるために転用回数を増やして使用されています。そのこと自体は悪いことではありません。ただ、使用時にできた汚れや傷の**清掃**、**補修**が不十分なまま転用される（図6-1-3下段写真）ことも実はよくあります。

型枠に穴があれば、そこからモルタル、ノロが漏れ出し、また、汚れた型枠に生コンを充填すれば、表面の品質が損なわれるだけでなく、場合によっては生コンの**流動性**が悪くなることにより、気泡、充填不良の原因になることもあります。コンクリートの品質に悪い影響を与えるだけでなく、作業員の意識を低下させる要因にもなり得ます。型枠は、しっかり清掃、補修を行なったうえで転用することが欠かせません。[*55]

❸開口部

生コンの充填では、充填したい箇所の真上から直接生コンを充填し、**直接振動**を与えるのが本来の作業方法です。一方、柔らかい生コンは、振動を与えると容易に流れていくため、横から流し込むように充填するのが普通になっています。生コンを柔らかめで納入するようプラントに指示することもよくあることです。ただ、柔らかめの生コンを要求するのは、品質が劣る傾向のあるものを求めることにな

＊55：転用枠　清掃補修を　怠らず　継ぎ目はペースト　漏れ出し防ぐ

型枠工事① (6-1-3)

▲隙間が大きく、鉄筋がはっきり見えている

▲ペーストが漏出し、充填不良になっている

よいコンクリート造りには、打設の準備段階からの丁寧な作業が欠かせません

▲汚れたままの型枠の転用

り、望ましいことではありません。

私は、多少固めの生コンが納入された場合でも、**充填不良**を生じさせず、また打設作業をスムーズに行なえるような型枠の組み方をしておくべきであると考えています。充填作業が行きづまり、打設時にバイブレータ挿入のための穴を設けることもよくありますが、作業がバタバタし、また型枠内に多量の木屑が入り込むことになります。**階段**の手すり、踏面の上面、開口部分が広い場合の**開口部**下面等は事前に一部開放しておき、生コン充填後にふたをできるようにしておくのが安心です。

なお、打設中に型枠作業や鉄筋作業を並行して行なっているのをときどき目にしますが、そのようなやり方では作業が雑になりやすく、また確認も不十分となりがちです。型枠作業が残っている箇所の打設は後回しにする必要があることから、計画の打設順序を変更せざるを得なくなることも珍しいことではありません。コンクリート工事はやり直しが困難なため、準備が不十分な場合は、ムリに打設するのでなく、打設日を**延期**するのが基本です。

COLUMN　脱型前のコア抜き

　　土木の現場で、打設後に品質確認のためのコア抜きを行なったときのことです。建築とは違い、土木では型枠を1週間程度存置しておくのは普通のことで、そのときはまだ脱型前でした。強度が $15N/mm^2$ 程度に達していれば十分コア抜き可能であり、強度的には問題ありませんでしたが、問題はまだ型枠がついていたことでした。そうです、型枠がついていたのに、コア抜きを行なうことになったのです。どうやって？と思われるかもしれません。天端から抜いたわけではありません。側面から抜くことになっていたのですが、結局型枠ごとコア採取することにしました。小径コアとはいえ、まだ使える型枠に穴を開けることについては、正直なところ気にはなりましたが、脱型はまだ先なのに、コアを抜くことにしてしまっていたのですから仕方ありません。

　　ただ、削孔し始めて分かりました。抜けない……。すべってしまうのです。抜けないといいながらも、1本目は時間をかけてなんとかそのまま抜きましたが、改めてコアカッターの刃を見ると先端は平らで、すべるのも当然です。写真をよく見てみると、右側の溝に型枠の木片が詰まっているのが分かります。

　　型枠の上からの削孔はやはり無理があるということで、このときは2本目からはコア採取の部分のみ事前に型枠に穴を開けておくことにしました。しかし、それよりも、やはりコア抜きは脱型後に行なうべきなのでしょうね。

▲コアカッターの刃

型枠工事② (6-1-4)

▲手摺りの上面、踏面を完全に塞いでいる階段の型枠

▲壁（写真左上）から生コンを流し込むことを前提とした型枠の組み方になっている

固めの生コンが納入されても
スムーズに打設できるように
しておくのが基本です

6-2

事前の検討

コンクリート打設は、現場ごとに諸条件が異なり、また多くの作業員が関わるものです。また、基本的にやり直しがきかないものでもあります。したがって、事前に念入りに準備を行なうことが非常に重要です。ここではコンクリート打設の事前打ち合わせの要点について解説します。

▶▶ 事前検討会

現在は、打設に関わる作業員が事前に打ち合せを行なう事はほとんどなく、また、作業員の顔ぶれが打設のたびに変わるのもめずらしいことではありません。そのような状況で良いコンクリートを造るのが難しいのは明らかです。

作業員は固定するとともに、打設のたびに事前にゼネコンの現場担当者、工事監理者、打設業者、ポンプ業者、生コン工場、型枠業者、鉄筋業者、設備業者の各職長などが集まる機会を設け、**打設計画**を元に打ち合せを実施するのが基本です。打合せでは、打設当日の**天候**にも配慮しながら、生コンの配合、**打設順序**、**打設方法**などを確認・検討します。作業が難しい箇所や図面だけではわかりにくい箇所については、実際に現場を見たうえで対処方法を決定します。慣れるまでは、できるだけ詳細に確認を行なうことが肝要です。

降雨が予想される場合は、「どれくらいの量の雨が、いつ頃降るのか」を予報で確認し、「打設を実施するかどうか」「実施する場合は、どのような対策を講じるのか」といったことも検討します。打合せ時に打設の実施を決定できない場合は、最終決定の時期や連絡方法についても確認しておきます。

▶▶ 打設順序

現在生コンの打設順序は、事前に計画していても、打設当日に圧送工の意向により大きく変更されることがよくあります。ポンプ車のブームを利用して打設する（図6-2-2上段写真）場合には、打ち込み箇所を大きく移動するのもさほど難しいことではありませんが、**配管**を用いた打設（図6-2-2下段写真）の場合は、配管の接続、切り離し作業に手間がかかるため、それを踏まえた計画にすることが欠かせないなど、現場担当者よりも経験豊富な圧送工が、無理な計画を修正しているという一面

事前検討会（6-2-1）

参加者	ゼネコン現場担当者 コンクリート工 圧送工 左官工 型枠工 生コン工場 生コン商社
打合せ事項・確認事項	打設順序 打設方法（要注意箇所、 作業しづらい箇所の作業方法） 生コン配合 打設数量 使用機器 作業人員 天候対策

打設順序（6-2-2）

▲ポンプ車のブームを利用した打設作業

▲配管での打設作業

もあります。しかし、行き当たりばったりで打設順序を変更していては、打ち継ぎまでの空き時間を把握することができず、**コールドジョイント**を防止するのは困難です。基本的に打設順序は事前の打合せ時には確定しておくことが肝要です。

なお、打設順序の検討では、打ち継ぎまでの空き時間が長くなる箇所（コールドジョイント要注意箇所）、打設しづらい箇所の作業方法について、とくにしっかり確認しておきます。

▶▶ コールドジョイント防止策

現在はコールドジョイントの防止策が不十分なことが少なくないようです。打ち継ぎまでの空き時間が長くなり、先に打ち込んだ生コンの硬化が進むと、後から充填したコンクリートと**一体化**しづらくなります。そこで、先打ちコンクリートが固くなる箇所が生じないように**打設順序**を計画することが大切になるわけですが、空き時間の長さ等が十分検討されていないことが多いようです。

打ち継ぎ時間が長くなる箇所は現場にも分かりやすく示しておき（図6-2-3上写真）、硬化状態について常に配慮することが肝要です。流れの中で固くなる前に打ち継ぐのが難しい場合は、戻って一度上から生コンを被せるのが有効です。床面など、**直射日光**が当たる部分は、打ち継ぎ部を**シート**で覆う（図6-2-3下写真）ようにするだけでも硬化を遅らせることができます。

なお、打設順序、所要時間を全く計画通りに打設するのは難しいため、変更が生じたときにも要注意箇所が分からなくならないよう、なるべくシンプルな計画にすることも重要です。

▶▶ 打設しづらい箇所の作業方法

❶噴き出し部

手すりなどの**噴き出し部***はバイブレータ作業を入念に行なうと、場合によっては生コンが下からどんどん出てきてしまうため、締め固めを控えめにすることがよくあります。結果として気泡や充填不良が生じやすい箇所の一つとなっています。とくに噴き出しの生じやすい柔らかい生コンの場合は、床部を充填した後ある程度時間をおいてから立上り部の充填を行なうことが肝要です。立上り部の充填の際には噴き出し部に板を敷き、噴き出しを押さえたうえでバイブレータ作業を行なう（図6-2-4）など、対策を明確にしておきます。

---

*噴き出し部：充填高さの高低差により、生コンが噴き出してくる部分。

コールドジョイント防止策（6-2-3）

▲空き時間が長くなりそうな箇所を把握しておき、生コンの充填時間を管理

これだけでも温度は
かなり変わります

▲直射日光にさらされる打ち継ぎ目をシートで養生（硬化を遅らせる）

打設しづらい箇所の作業方法①（6-2-4）

▲噴き出し部に板を敷き、その上に乗って噴き出しを防ぎながら締め固め作業

❷耐震スリット

構造物の変形性能を向上させるために、部材の縁を切る「**耐震スリット**」が一般的になりました。スリット材を設置したうえで生コンを充填するのが普通ですが、スリット材は生コンの充填圧力により容易に変形するため、しばしば後で補修が必要となっています。基本的にスリット設置部の左右の高さを合わせながら生コンを充填しなければならず、設置箇所を確認したうえで慎重に生コンを充填することが求められます。スリット設置箇所は作業員に分かりやすいよう、現場にも分かりやすく**表示**しておくことが肝要です（図6-2-5上段写真）。

水平スリットは生コン充填後に設置する（図6-2-5中段写真）のが基本です。打設前に設置していることで壁にバイブレータを挿入できなくなっていることもありますが、ひび割れにくい密実なコンクリートとするためには、締め固めを行なえるようにしておくことが肝要です。

❸その他

鉄筋が密であることによりバイブレータを挿入できない箇所もあります。私は本来すべての箇所にバイブレータを挿入できるようにすべきであると思っていますが、挿入できない箇所がある場合は、それを確認しておいたうえで、**竹棒**による**突き作業**、**型枠バイブレータ**による**外部振動作業**（図6-2-5下段写真）などの充填不良防止策を講じるようにします。

なお、バイブレータ作業が困難な箇所に打ち継ぎをつくると、打ち継ぎ部を一体化させるための締め固めを行なえず、コールドジョイントや充填不良が生じやすくなります。入念に締め固めを行なえる箇所で打ち継ぐようにするのが基本です。

生コン充填作業と型枠の叩き作業の連携も重要であり、笛で合図するのか、無線で連絡するのか、連携の取り方について確認しておくことも欠かせません。

▶▶ 機器

現場の担当者にバイブレータを挿入しづらい箇所を聞いても、認識できていないことがあります。しかし、打設の途中でバイブレータが入らないと分かっても、対処するのは困難です。打設箇所によって**棒状バイブレータ**が望ましい箇所、棒状だと挿入できない箇所などもあります。そうしたことはもれなく事前に確認しておくことが欠かせません。細いバイブレータしか挿入できない箇所、バイブレータの

打設しづらい箇所の作業方法②（6-2-5）

▼の位置がスリット
設置箇所です

▲打設時にスリットを変形させないよう、スリットの位置は計画書に記載する
とともに、現場に明示する

▲生コン充填後、水平スリットを設置。後から設置すればバイブレータ作
業を行ないやすくなる

型枠バイブレータと
木づちで振動を与え
ています

▲生コンを充填しづらい箇所に対する入念な外部振動作業

第6章 コンクリート工事の実際

挿入自体が困難な箇所があれば、**口径30mm**のバイブレータ、**竹棒**、**外部振動機**などを準備しておきます。なお、打設機器については、正常に稼働するか事前に稼働状態を確認するとともに、故障に備えて予備も準備しておくことが肝要です。

　インバータの設置箇所、移動のタイミングなども事前に計画しておくと、打設中の無駄な動きを減らすことができます。打設中にたびたび電気が止まることがありますが、作業員の士気にも影響するため、電気の容量、接続の仕方などをしっかり確認しておくことも重要です。

▶▶ 足場

　とくに基礎の打設では、足元が悪い中での作業となることがあります。作業員の意見も聞き、**安全性**に配慮した作業環境とすることが肝要です。

COLUMN 色々なバイブレータ

　電話、イヤホン、掃除機、アイロン……今や世間にはコードレスの製品があふれています。取り回しがよく、確かに使いやすいです。

　バイブレータにもコードレスのものがあります。背中に電池を背負って作業します。現場で使うことになったとき、実は私はあまり期待していませんでした。ただ、思っていたよりもかなり使えました。「数時間ごとに電池交換が必要」とやや扱いにくい面もありますが、現場では作業しづらいところも結構あるので、そういう場所だけでも使う価値はあると感じました。

　今はだいぶ目にする機会が増えましたが、柄の長い棒状のバイブレータも有用です。私が関わる打設では基本的に後追い作業、再振動締め固め作業は、棒状のバイブレータで行なうようにしています。振動するのは先端だけですが、長いものは棒の部分が3m以上のものもあります。ただ、あまり長いものは取り回しが悪く、扱いやすさでいうと、背丈くらいのものがよいようです。

　スラブを均すのに使う、バイブレータの付いたタンパなども時々目にします。エンジンタンパなどは、軽い方が扱いやすく、作業は楽ですが、コンクリートを密実にするためには、基本的になるべく重いものを使う必要があります。

　いろんな機器が開発されているわけですが、機器の特徴と作業の目的をしっかり認識したうえで作業を行なわないと、高品質のコンクリートには結びつきません。

▲コードレスバイブレータ

機器（6-2-6）

電源が落ちないような配慮も大切です

▲配線についても計画しておくとよい

足場（6-2-7）

◀基礎の打設では足場が不安定になりがちであり、足場についてもしっかり計画することが肝要

▲足場の下は足場をめくって確実に締め固め

6-3

コンクリートの打設

生コンを型枠に充填する一連の作業は「打設」と呼ばれています。これは以前は生コンを上から打ち叩いて「密実にする」よう施工していたことに由来します。しかし現在、打設作業のほとんどは「打設」とは名ばかりで、実際のところは生コンを流し込むだけの「流設」ともいえる作業になってしまっています。コンクリートを「密実にする」という打設の基本に立ち返り、個々の作業の要点について解説します。

▶▶ 周知会

打設前に実施する**周知会**には、すべての作業員が参加するのが基本です。道路使用許可の時間までポンプ車を現場に入れられない、といったこともありますが、そのような場合も職長だけは参加してもらうようにします。

周知会では**打設順序**、作業の要点等を明記した**打設計画書**を配布し、作業員に説明します。計画書の内容をあまり細かく話しても、聞いてもらえなければ意味がないため、打設の流れと、作業しづらい箇所、**コールドジョイント**が生じやすい箇所など、ポイントをしぼって要点を強調して説明することが大切です。**要注意箇所**を現場に貼り紙で示す（図6-3-1下段写真）など、作業の要点を「**見える化**」しておくと、周知会の説明と関連づけができて分かりやすくなります。作業員は一人ひとり担当を決め、腕章などで明確にし、責任を持って作業してもらうことが重要です。

なお、計画書に「要注意点」として示していることも、打設が始まると、まったくそんなこととは関係なく作業が行なわれる、ということもあるようです。現場担当者は、打設の際には要注意点がしっかり意識されて作業できているか確認し、不十分な場合は繰り返し指示を与えることが肝要です。

作業員から意見があれば、耳を傾けることは大切ですが、中には自分たちの作業のしやすさだけを考えた意見もあるため、現場の方針を明確に伝えることは大切です。打設順序を直前に大きく変更すると、コールドジョイント防止のために、打ち継ぎまでの時間が長くならないように考えて作成した計画が意味のないものとなります。計画した打設順序を尊重するのが基本です。

朝礼、周知会を、声がよく聞こえないまま行なっているのをよく目にします。周囲がうるさく、もともと声が通りにくい現場もありますが、声が聞こえないと私語も増

周知会（6-3-1）

▲周知会

▲打設順序を分かりやすく表示。下階にも表示し、充填作業と型枠
叩き作業の連携を取りやすい環境にしておく

▲打設の要注意箇所を現場に表示

作業する人が分かり
やすいようにしてお
くことが大切です

え、何のための周知会なのか分からなくなってしまいます。所長が率先してハキハキと話していると、見ていて気持ちもよいものです。

▶▶ 清掃

　　型枠内には、しばしば木屑や落ち葉、落下したスペーサなど、様々な異物が認められます。発注者にはとても見せられないような型枠内の状況のまま、打設が行なわれていることもあるのが現実です。打設当日はバタバタしており、**清掃**が不十分になるおそれがあるため、清掃は一度前日までに行なっておくことが肝要です。なお、現在はあまり行なわれていませんが、異物を除去しやすいように、型枠の下部に**掃除口**（図6-3-2右写真）を設けておく（清掃後に塞ぐ）のが基本です。

▶▶ 気象条件

　　打設は気象条件に大きく左右されるため、打設当日の**気象予報**を参考に、準備をすることが欠かせません。

❶低温

　　打設前には型枠内に散水しますが、寒冷地では水道の**凍結**対策を講じておきます。また散水した水が、撒いているそばから凍結することもあります。そのような場合は、**温水の高圧洗浄機**（図6-3-3左写真）を使用するのが有効です。型枠内に雪が残っているのに気づかず、上から生コンを打ち込み、ジャンカを生じさせてしまうということもあるようです。降雪の際は、型枠内に雪が入るのを防止するのが基本です。雪が入ってしまった場合は、そのままだとなかなか溶けないこともあるため、これも温水の高圧洗浄機や**ジェットヒータ**（図6-3-3右写真）を利用するなどして確実に氷雪を溶かしてから打設に臨むことが肝要です。

　　硬化初期の凍結は、コンクリートに著しい品質低下をもたらすため、打設後に凍結のおそれがある場合は、「コンクリートが外気と触れないようにする」「ジェットヒータで温める」などの養生を行なうことが欠かせません。**防凍剤**といったものもありますが、併せて通常の生コン以上に水量を少なくすることが重要です。硬化初期の**凍害**は、季節の変わり目などに生じがちであり、気象予報に注意を払うとともに、心配な場合は、温度が低くなりやすい箇所をシートで覆うだけでも凍結しづらくすることができます。

清掃（6-3-2）

▲型枠の中の木屑

▲柱下部に設けた掃除口

気象条件①（6-3-3）

▲温水の高圧洗浄機

▲ジェットヒータ

良いコンクリートを造る
ためには、丁寧な準備が
欠かせません

第6章　コンクリート工事の実際

❷高温

高温の場合も注意が必要です。高温下ではコンクリートの品質が劣るものとなりやすく、**暑中**の打設は本来望ましいことではありません。[*56] 外気温が高くなると、生コン温度も高くなる傾向がありますが、生コン温度は**35℃**以下とすることを原則としています。しかし、近年は猛暑日が増えており、生コン温度が35℃を超えることは実はさほどめずらしいことではなくなっています。一方、高温を理由に、予定していた打設が見合わされることはないのが実情です。

❸降雨

降雨の中での打設もしばしば問題になります。生コンに雨水が混入する（図6-3-4上段写真）ことから、降雨がコンクリート品質に悪影響を及ぼすのはよく分かりますが、現在はよほどの大雨が予想される場合でない限り、降雨でも打設が延期されることはほとんどありません。もちろん雨の中で打設すること自体が問題なわけではありません。問題は雨水が生コン中に巻き込まれ、コンクリート品質が低下することです。雨水が巻き込まれることによる品質低下に対し、しっかり対策を講じていれば（図6-3-4下段写真）雨の日に打設をしても何ら問題はありません。

現場に屋根をかけることができればそれでいいわけですが、広い面積に屋根をかけるのは容易ではありません。現実的な手段として、生コンの水を減らし固めにするのは講じやすい対策です。しかしこれも降雨量が多い場合には十分な効果は期待できません。結局、特段の降雨対策なく、打設を行なっているのが現実です。

ところで、高温下や降雨の中での打設の結果、実体コンクリートの**強度不足**が判明した場合、責任は誰にあるのでしょうか。**工事監理者**も事情は分かっているはずです。工期を守るために、やむなく本来であれば打設すべきではない気象条件下で打設を行なっているというのであれば、そもそも工期が妥当ではないのかもしれません。一日、二日の延期がそれほど工程に大きく影響するものなのかと、いぶかしく思われる方もいるかもしれません。しかし、生コン工場の予定が詰まっており、その日に打設しないと「次に打設できるのは2週間後」などと言われることも少なくないのです。この辺りは業界全体で改善に取り組む必要がありそうです。

それにしてもコンクリート品質に悪い影響が及ぶ恐れが少なからずあるにもかかわらず、なぜ打設を強行できるのでしょうか。無責任な話ですが、現在は通常躯体

＊56：できるだけ　夏場の打設は　避けるよう　配慮するのも　品質管理

気象条件② (6-3-4)

▲雨中の打設では生コン中に雨水が巻き込まれ、硬化コンクリートが所要の品質を満足しないおそれがある

▲生コン中に雨水を巻き込ませないような対策を講じることが肝要

多量の雨水の巻き込みを防ぐ
手立てがない場合は、打設は
延期すべきです

第6章　コンクリート工事の実際

の品質確認が行なわれていないことと無関係ではなさそうです。躯体から**コア**を抜いて品質を確認することになっていたとしたら、何の対策もなく大雨の中で打設することなど、そう簡単に決断できるものではありません。

▶▶ 生コンの受け入れ

現場の作業が滞っているにもかかわらず、出荷を続けることで生コン車の待ち時間が長くなり、その生コン車の生コンの硬化が進むことで、さらに作業に時間を要するようになる、という悪循環に陥っているのを時々目にします。

打設計画と実際の現場の作業の進捗状況を併せて確認したうえで、生コンの出荷を調整することは、「生コン車の**待機時間**が長くなり過ぎないようにする」ために、また「作業の中断を生じさせない」ために非常に重要です。

▶▶ 受け入れ試験

生コンの**受け入れ試験**が、所定の方法で行なわれていないことがあります。**スランプ試験**（図6-3-6）などは、その気になれば生コンの状態に応じてある程度試験値を調整できることもあり、実際のところ「合格させる」ための試験になっていることもよくあります。しかし、受け入れ試験は、実際の生コンの状態を確認するための試験であり、当然ながら規定から外れているものを規定内に収まっているかのような調整を行なうべきではありません。

ところで、規定を外れた生コンを使用したからといって、必ずしも硬化コンクリートの品質が劣るものとなるわけではありません。むしろ品質が良くなる外れ方もあるくらいです。私は検査の結果は結果としてそのまま受け止めたうえで、**監理者**の判断次第では規定を外れた生コンでも受け入れてもよいと思っています。

規定を厳密に適用することが、誤魔化しを強要することにつながることもあります。前述のとおり、現在はよほどの雨量でない限り、雨でも打設は行なわれています。その場合生コンに混ぜ込まれる雨水の量を考慮し、練り水の量を減らすことは理にかなったことです。一方そのような対策を講じることによって、荷卸し時のスランプ値が許容範囲を超えて小さくなることも考えられます。その時、規定を外れた生コンは受け入れるべきではない、そう言ってしまうと、水を減らすこと自体ができなくなってしまいます。

受け入れ試験の各試験については、私は次のように考えています。

生コンの受け入れ（6-3-5）

▲とくに階段部など作業に時間を要するおそれがある箇所は、現場の作業の進捗状況を確認しながら生コンを出荷してもらうことが肝要

受け入れ試験①（6-3-6）

▲スランプ試験

スランプコーンを引き上げる速さを変えて、スランプ値が規定内に入るよう調整することがあるので注意が必要です

第6章　コンクリート工事の実際

219

❶スランプ試験

受け入れ試験において、とくに注意を要するのは**スランプ**です。柔らかい生コンの方が施工しやすいため、一般的には、規定の範囲でスランプは大きめのものが求められる傾向があります。しかし、生コンはスランプが大きいほど分離しやすく、また、注文よりもスランプの大きい生コンは、練り水や空気が配合上の量よりも多く練り混ぜられているなど、品質が劣る傾向があります。そのため私は基本的に、スランプが**目標値以下**のものだけを受け入れるよう提案しています。 ※57

ちなみに、スランプが小さいことで問題になるのは、**施工性**がよくないことだけです。私は「スランプが小さい分には、施工できる（型枠に充填できる）範囲で受け入れ可」と考え、基本的にそのようにしています。

❷空気量試験

空気量については、**凍結融解抵抗性**を確保するために、一般的には4.5％を基準としています（P176参照）。JISでは±1.5％まで許容していることから、通常の場合、空気量6％の生コンでも合格となります。しかし、空気量の増加は強度、耐久性の低下をもたらすため、私は空気が6％もあるのは多すぎると考え、空気を混入させる場合には、旧JISの4±1％を目標とすることを提案しています。ちなみに空気量が1％増えると強度は5％程度低下するといわれています。

なお、そもそもコンクリート中に凍結する水が存在しなければ、空気量を減らしても**凍害**を受けることはありません。そこで、とくに凍害が強く懸念される構造物でない限り、私は空気を混入させることよりも、コンクリートの密度を高めることの方が重要であると考えています。

❸塩化物試験

塩化物は、**鉄筋の腐食**の原因になるため、生コン中の塩化物イオンの量には上限値が設けられています。JISでは通常0.30kg/m³以下とされており、購入者の承認を受けた場合には、0.60kg/m³以下とすることができます。

なお、仮に塩化物を多く含む生コンを使用したとしても、入念に締め固めて硬化組織を緻密にし、外部から水が供給されないようにすれば、塩化物の移動がないため鉄筋が錆びることはありません。

＊57：スランプは　小さい方が　高品質　目標値以下で　受け入れが基本

受け入れ試験② (6-3-7)

受入試験の基準

スランプ（cm）	目標値±2.5*¹
空気量（%）	4.5　±1.5
塩化物（kg/m³）	0.30以下
温度	35℃以下

＊1 スランプ8～18cmの普通コンクリートの場合
＊　建築学会の仕様書では、150m³ごとに3回試験を実施

練り混ぜ後の経過時間

区分	JIS A 5308	建築学会、土木学会	
	練混ぜから荷卸しまで	練混ぜから打込み終了まで	
限度	1.5時間	外気温が25℃以上	1.5時間
		外気温が25℃未満	2.0時間

＊土木学会の基準は、「外気温が25℃を超えるとき」、「外気温が25℃以下のとき」であり、厳密に言うと、建築学会と土木学会では内容が異なる。

提案

スランプ	目標値以下
空気量（%）	4.0 ±1.0
練り混ぜ後の経過時間	とくに設けない （作業できる範囲で受け入れ可）

硬化後のコンクリートの品質が目標より低くならないようにすることが大切です

❹練り混ぜ後の経過時間

生コンの受け入れの際にしばしば問題となるものに、**練り混ぜ後の経過時間**があります。図6-3-7中段の表のように時間の限度が設けられていますが、練り混ぜ後の経過時間が多少長くなったからといって、硬化後のコンクリートの品質が低下するわけではありません（強度はむしろ大きくなる）（図6-3-8）。一般に、経過時間が長くなるほど、**流動性**が失われて扱いにくくはなりますが、問題はそれだけです。「何分たったから使ってはいけない」というのは、実はあまり意味がないことなのです。

重要なのは経過時間よりも荷卸し時の生コンの状態であり、スランプが低下した生コンを打ち込めるだけの作業体制があるかどうか──。私はそれを判断の基準にすべきだと考えています。なお、JISでは、**運搬時間**について「購入者と協議のうえ、運搬時間の限度を変更することができる」としています。

❺単位水量試験

単位水量試験は、土木では標準的に行なわれており、建築工事でも工事によっては実施されるようになっています。以前は単位水量はスランプ値と直結していたため、水量の多寡をスランプ値から推測することができましたが、スランプ値は混和剤で大きく調整できるようになっており、単位水量自体の測定も求められるようになってきました。ただ単位水量試験は測定誤差が大きく、私は水量の変動に対してより鋭敏な結果が得られるスランプ試験を行なえば十分だと思っています。単位水量試験では、配合上の単位水量±15kgまで許容されるのが標準です。

ところで、受け入れ試験の際に採取された**テストピース**（図6-3-8写真）の強度試験結果が所要の強度を下回ることがあります。確率の問題なので、強度が下回ることがあるのは仕方のないことです。ただ、少なくともその原因の何割かは、試験員のテストピースの扱い方に問題があるようです。強度不足にはならないまでも、テストピースの扱い方によって結果のバラツキは大きく変わります。テストピースを直射日光にさらしたままにしたり、生コンを詰めた後、誤ってテストピースを転倒させたり、一輪車にテストピースを斜めに積み、車まで運搬しているのを見たこともあります。そんなことが原因でテストピースが強度不足になっても、工事は一時停止です。受け入れ試験の試験員にも丁寧さと責任感が求められます。

受け入れ試験② (6-3-8)

練りおき時間と圧縮強度の関係

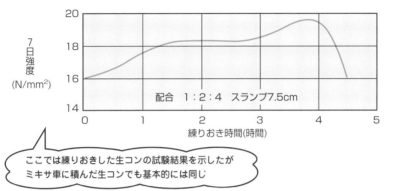

配合 1:2:4 スランプ7.5cm

ここでは練りおきした生コンの試験結果を示したが
ミキサ車に積んだ生コンでも基本的には同じ

(参考：「土木材料コンクリート」共立出版)

▲受け入れ試験時のテストピース作成

テストピースの扱いが悪い
ことによって強度が出ない
こともあります

▶▶ 充填作業

　建築では以前から打設作業を「柔らかい生コンを流し込む作業」ととらえているようですが、近年は土木においても同じような状況になってきたようです。**混和剤**の性能がよくなり、水を増やさずに生コンを柔らかくできるようになってきた（図6-3-9上段写真）こと、作業員不足の中、流動性の高い生コンであれば誰でも簡単に充填不良なく打設できることなどのためです。その前提には「水を増やすのでなく、薬品で生コンを流動化するのであれば問題ない」という考え方があるようです。

　しかし、私は流動性を高めること自体望ましいことではないと思っています。ひび割れの生じにくい、耐久性に優れたコンクリートを造るためには、砂利の使用量を多くすることが有効ですが、砂利の多い生コンを砂利を分離させずに打設するためには、スランプの小さい固い生コンとする必要があるからです（図6-3-9中段写真）。固い生コンを入念に締め固め、密実にするのが打設の基本です。

　なお、「**バイブレータのかけ過ぎ**」という表現をよく耳にしますが、バイブレータで著しく分離するような生コンは、そもそも配合に問題があると考えるべきです。作業量を減らすのではなく、分離の生じにくい、水の少ない配合に変えるべきです。

▶▶ 再振動締め固め作業

　現在**再振動締め固め作業**はあまり行なわれていません。充填後時間をおいて再度バイブレータ作業を行なうことは、硬化コンクリートの品質に悪影響を及ぼすことになると誤解している方もいるほどです。しかし、**ブリーディング現象**で緩んだ組織を締め直す（図6-3-10）ためにも、また、充填時に不足した作業を補い、充填不良を防止するためにも、再度の丁寧な振動作業は本来不可欠ともいえるものです。

　ちなみに、充填時の作業不足を補うことを主目的とする場合は、早目に行なった方が有効ですが、緩んだ組織を締め直すという本来の目的の場合は、作業可能な範囲でなるべく遅い時期に振動を与えるほど効果は上がります。充填時の作業不足を補うのと、本来の再振動締め固めをそれぞれ別に実施するのが、丁寧なやり方です。

▶▶ 打ち重ね・打ち継ぎ

　打ち継ぎ部において、先に打ち込んだ部分の上面が乱れていたり、鉄筋などに生コンがひっかかったままの状態で硬化が進んでいる（図6-3-11上段左写真）のを目にすることがあります。そのような箇所に生コンを打ち込むと充填不良が生じやす

充填作業（6-3-9）

▲ベースの配合は一緒だが、混和剤を添加しただけで左の低スランプコンクリートから右のデロデロのコンクリートに

◀左はスランプ18㎝、細骨材率49.3%の生コンを使用。右はスランプ8㎝、細骨材率35.0%の生コンを使用。左側のモルタル分の多い流動性の高い生コンを使用した試験体では、粗骨材が沈み込み、上部10㎝程度がモルタル

再振動締め固め作業（6-3-10）

◀写真左から右へ再振動締め固め作業を実施。中央付近まで作業が進んでいるが、再振動作業を行なった箇所は、行なっていない箇所よりも明らかに天端が下がっている。緩んだ組織が密実になっていることがうかがわれる

いため、継ぎ目付近はバイブレータ、突き棒などで平らにしておくのが基本です。後から生コンを打ち継ぐ際に、継ぎ目に対し入念に振動を与えることも重要です。

先打ちコンクリートが固くなる前に打ち継ぐのが基本ですが、とくに**夏場**の生コン打設では、先打ちコンクリートが固くなってしまうことも現実にはあります。その場合は、先打ちコンクリートの表面に**湿り気**を与えたうえで生コンを打ち込み、継ぎ目に対しバイブレータで入念に振動を与えるようにします。[*58] **色違い**まで防ぐことは難しいですが、このようにすれば**一体化**させることは十分可能です。

▶▶ 床面の充填作業

床面の生コン充填作業では、単に生コンを流す作業になっていることが多いようです。とくに柔らかめの生コンの場合、バイブレータ作業を行なわなくても、流し込むだけである程度平らになるため、均し作業の作業員はすぐに作業を行ないたがる傾向があり、結果としてバイブレータ作業が不足しています。とくに梁部では、梁の中までバイブレータを挿入するのが基本ですが、表面のみの振動作業にとどまっているのはよくあることです。

また、床面の打設作業では、配筋が乱れたまま生コンを充填しているのもよく目にします。倒れたスペーサーを起こしたり、鉄筋の結束が甘い部分の結束量を増やすことも重要です。しかし、細い鉄筋を使用している限り、ある程度のたわみや乱れは避けられません。このような場合は、配筋自体を見直すことが肝要です。**断熱材**にスペーサが沈み込んでいる（図6-3-12）のもよく見かけますが、そのようなスペーサに支えられた鉄筋が所定の位置に保たれないのは明らかです。

なお、配筋の乱れは、基本的に打設の際にしか分からないものです。現在は設計者が打設に立ち会わないことが多いようですが、それではいけないのです。

▶▶ 噴き出し部

噴き出し部は、生コンが噴き出ないよう、単に生コンを流し込むように充填することが多いようです。締め固めが行なわれない結果、気泡（図6-3-13）や充填不良が目につきやすい箇所の一つになっています。また、充填不良にはならなくても、密実に締め固められていないため、後日ひび割れが生じやすい傾向があります。打設作業の基本はコンクリートを密実にすることであり、そのためには手すりなどの噴き出し部は噴き出しを押さえながら締め固めることが肝要です。

＊58：打ち重ね部　下層までバイブ　間に合わない　ときは水撒き　バイブで加圧

打ち重ね・打ち継ぎ（6-3-11）

▲表面がガサガサのまま硬化が進んでいる。このような状態で上から生コンを打ち足すと右の写真のような充填不良が生じやすい

床面の充填作業（6-3-12）

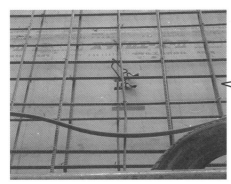

◀断熱材にめり込んだスペーサ

こうした鉄筋の乱れは、打設に立ち会わないと分からない

噴き出し部（6-3-13）

◀バイブレータを控えめにした結果多量の気泡が認められる手摺り

後日ひび割れ等の問題も生じやすい

▶▶ レイタンス除去

現在、建築工事においてはレイタンス除去作業は省かれるのが普通です。そもそも**レイタンス**が何であるかということさえ認識されていないことも、実はよくあります。結果として、打ち継ぎ部の一体化不良（図6-3-14）により、所要の耐震性が期待できなくなっていることも、実は決してめずらしいことではありません。

一方土木工事においては、レイタンス除去は当然のように行なわれてきました。ただ、近年は**薬品**（樹脂）を用いて接着させる方法が採用されることも増えているようです。薬品を使った方が手間はかかりませんが、効果を確認しづらいなどの難点があります。結局どのような作業であっても丁寧に行なわなければ、その効果を十分に発揮させることはできません。私は、打ち継ぎ部を健全なものとするための基本は、やはりレイタンスの除去だと考えています。

▶▶ 反省会

反省会は本来当然行なうべきものですが、打設が終了した後は、作業の片づけが済み次第、バラバラと人がいなくなっていくという現場もあるようです。しかし、同じ過ちを繰り返さないためには、また打設をよりよいものとしていくためには、問題点を共有し、改善を図ることが欠かせません。

工期に追われ、目の前の仕事をこなすので手一杯、という現場担当者も多いようですが、基礎となる**技術力**を向上させるために、打設状況、反省点などをまとめた記録をしっかり残しておくことも非常に重要です。

▶▶ 工事監理者

コンクリート工事に多くの問題があるのは、施主の代理人ともいえる**工事監理者**が、本来の役割を十分に果たしていないことにも大きな原因があります。監理者は、工事の進め方に問題があれば、建設会社に対し改善を促すべき立場にあります（図6-3-16）。しかし、現在は打設の際に現場に顔を出さないこともめずらしいことではなく、現場に来る場合も、単に「工事写真に納まるため」というのが実情です。

コンクリート工事を適切なものとするためには、望ましくない気象条件下での打設が見て見ぬふりで許容されていることを含め、責任の所在があいまいなまま工事が行なわれている現状を変えることが不可欠であると、私は思います。

レイタンス除去（6-3-14）

一体化していない

▲打ち継ぎ部から採取したコア。レイタンスが除去できておらず、剥離した状態で採取された

反省会（6-3-15）

▲打設後の反省会。次回以降の打設をよりよいものとするために、各作業の担当者から気づいたことについて発言してもらう

工事監理者（6-3-16）

設計どおりに施工されているか

工事監理者
（施主の代理）

チェック・指導

→

施工者

安全性? 手抜き? 欠陥?

6-4

コンクリートの養生

コンクリートの表面付近は水が蒸発しやすく、隙間が多くなる傾向があります。何もしない場合、表層部は内部に比べ品質が悪くなるわけです。その表層部を、水和反応を促すことで緻密にし、コンクリートの品質を良くするための作業が湿潤養生です。ここでは、現在行なわれている養生と望ましい養生について解説します。

▶▶ 床面の養生

床面は打設直後から外気にさらされるため、何もしないと多くの水分が蒸発することで、表面付近は隙間が多くなります。しかし現在は、打設後の床面に対し、水分の蒸発を防ぐための養生が行なわれることはほとんどありません。床面は打設作業で密実に締め固めるのが難しいことと相まって、最も品質が劣る、**ひび割れ**の生じやすい部位となっています。

通常床面の養生はせいぜい**散水**する程度です（図6-4-1上段写真）。しかし、直射日光にさらされる箇所は単に水を撒くだけではすぐに乾いてしまい、表面付近のセメントの水和反応の継続は期待できません。本来であれば、散水後**シート**をかぶせる（図6-4-1中段写真）などする必要があるわけですが、現在そのような養生はほとんど行なわれていません。打設の翌日から墨出し*等の作業を行なうのが当たり前となっており、工程上**養生期間**をとる余裕がないのです。なお、**物流倉庫**の床の場合は、**湿潤養生**が必須の膨張コンクリートの使用が標準的になっていることもあり、1週間程度シートで被う（図6-4-1下段写真）のが一般的になっています。

▶▶ 型枠の解体と型枠解体後の養生

テストピースを脱型後養生せずに放置した場合、通常目標強度に達することはありません。強度発現のモトであるセメントの水和反応に使われるべき水が表面からの水分の蒸発によって多量に失われるためです。テストピースは大きさに対して乾燥面の面積が大きく、躯体よりも乾燥の影響を強く受けるため、テストピースの結果がそのまま構造物のコンクリートに当てはまるわけではありません。しかし、とくに薄い部材については注意が必要であることが分かります。建築は土木よりも部材が薄い傾向があるため、本来養生について一層慎重であることが求められますが、

※墨出し：墨を使って壁や柱の位置を床のコンクリートに表示する作業。

床面の養生（6-4-1）

▲散水養生。乾きやすく、効果は限定的

▲養生マットを用いた保湿養生

膨張コンクリートは通常の
コンクリート以上に、養生
不足が強度不足に結びつき
やすいです

▲物流倉庫の床には膨張コンクリートが用いられることが多く、膨張反応促進のために、普通コンク
リート以上に湿潤養生が重要

養生に対する意識が高いのは、むしろ土木の方です（図6-4-2写真）。建築工事においては、養生はほとんど意識されていないのが現実です。

　ところで、型枠の解体時期は強度で判断してもよいことになっています。この強度確認は普通テストピースで行なわれています。しかし、造り方の違いのために躯体とテストピースでは品質が異なり、通常テストピースの品質の方が優れていることから、この強度確認はあまり意味がありません。最近のコンクリートは早期に強度が出やすいため、**型枠解体時**の強度不足については実際上ほとんど心配する必要はありません。ただ、基本的に私は硬化状態の確認はコンクリートの躯体で行なうべきだと考えており、**引っ掻き法**の実施を提案しています。引っ掻き法とは、コンクリートの天端を釘などで引っ掻いて、その傷のでき方（太さ）で硬化具合を確認する方法です。傷の太さと強度の関係を、テストピースの強度試験の際などにあらかじめ確認しておけば、それに基づいて固まり具合（強度）を判断できるようになります。＊59

　また、コンクリートの固まり具合は**積算温度**からも推定できます。気温に10℃プラスした温度と、材齢（日）とを掛け合わせたものを積算温度といいますが、積算温度が同じコンクリートは、固まり方も同程度と考えることができます。私は積算温度「120℃・日」を型枠解体の目安と考えており（図6-4-2中段解説）、それによると20℃の場合型枠存置期間は4日となります。一方、建築では打設後中一日程度での脱型は普通で、打設の翌日から脱型を始めることさえあります。それでも強度については大抵問題ないようですが、水分の蒸発量が多くなり、表層部に微細な隙間の多い、**耐久性**に劣るコンクリートになっていることは否定できません（図6-4-2下図）。

　型枠解体後の養生は、土木では比較的行なわれていますが、建築ではそもそも「養生」を「型枠を存置しておくこと」と考えるのが普通で、養生期間といえば大抵それは型枠の存置期間を意味しています。建築は土木よりも形状が複雑なことが多く、脱型後の養生を行なうためには多くの手間を要することもあり、本来行なうべきであることは分かっていても、実際にはほとんど行なわれていないのです。

　コンクリートは硬化が進むにつれて、内部の水分が消費され、水を欲するようになるため、養生は外部から水分を供給する**湿潤養生**が基本です。とくに硬化に余分な水のない強度の高いコンクリートほど、単に水の蒸発を防ぐだけでなく、水を補給するのが望ましいといえます＊。型枠解体後の壁面等の養生は、脱型後できるだけ時間をおかずに開始するのがよく、散水し、その湿り気を逃がさないように**シート**

＊59：釘などで　躯体の上面　引っ掻いて　傷の太さで　強度推定
＊……といえます：セメントの水和を継続させるには、コンクリート内部の湿度を高く保つ必要がある。余分な水が少ないコンクリートの場合、練り水だけでは内部の湿度を高く保つのは難しい。

型枠の解体と型枠解体後の養生（6-4-2）

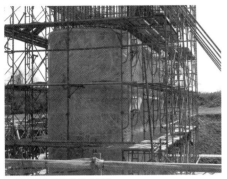

▲橋脚の型枠解体後の養生

積算温度

> 積算温度とは、温度と日数（または時間）の積のことで、コンクリートの固まり具合（熟成度）の目安となります。
>
> セメントの水和反応が停止する温度とされている-10℃をコンクリートにとっての0℃と考え、気温に10℃プラスしたものをコンクリートにとっての温度とみなします。この温度と型枠存置期間の日数を掛け合わせものが積算温度です。
>
> 例えば気温が20℃の場合、コンクリートにとっての温度は30℃となります。20℃で4日間型枠を存置した場合、積算温度は30℃×4日＝120℃・日となります。
>
> コンクリートにとっての温度
>
> $$\underbrace{(20℃+10℃)}_{\text{気温　　定数}} \times \underset{\text{型枠存置期間}}{4日} = \underset{\text{積算温度}}{120℃・日}$$

乾燥面からの距離-圧縮強度の関係

養生を行なわなかった場合、表面付近の強度は内部よりも約20N/㎟も小さくなっています

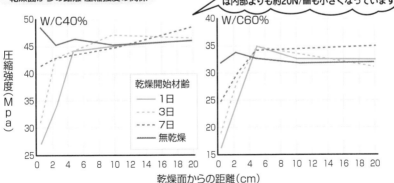

乾燥開始材齢
- 1日
- 3日
- 7日
- 無乾燥

出典：「RC構造物を守る「表層コンクリート」の研究」セメント・コンクリートNo.621,1998年,11月号/
著者：湯浅昇/発行：セメント協会

を貼り付ける方法を私は提案しています。なお、水セメント比が50%を上回るコンクリートは、濡れたり乾いたりと、断続的に湿潤状態にするような養生でもある程度効果は得られますが、それより水セメント比の小さい場合、とくに水セメント比が40%を下回るコンクリートは、一度乾燥させるとその後湿潤状態にしても養生効果は得られにくくなります。したがって、強度が高めのコンクリートで、脱型後すぐに養生を開始できない場合は、**型枠存置期間**を長くすることを考えるのが得策です。

▶▶ 温度と養生期間

現在建築の現場では、温度による硬化速度の違いを考慮して、硬化の遅くなる**冬場**は反応を早めるために生コンの注文強度を高くしています。ただ、通常現場の担当者が所要の強度、スランプなどを生コン商社に伝えると、気温を考慮した配合を提示されるようになっており、冬場に強度を高めることについて、現場担当者がその理由を理解しているのかは疑問です。それは、外気温が異なっても通常**養生期間**が変えられることがないことからもうかがわれます。

前述の通り、コンクリートの強度発現の仕方は**積算温度**で推定することができますが、ここで積算温度を用いて、温度によって硬化の速さがどれだけ変わるのかを、見てみたいと思います。積算温度が120℃・日になる日数について、温度が5℃の場合と20℃の場合で求めると、それぞれ次のようになります。

5℃の場合：120℃・日÷（5℃＋10℃）＝8日
20℃の場合：120℃・日÷（20℃＋10℃）＝4日

同程度の硬化の仕方になるまでに要する日数は、温度でこれほど異なるのです。寒い時期は少し強度を高くして生コンを注文するので、多少その差は縮まりますが、季節によらず同じ工程で作業を進めた場合、寒い時期は養生が不足がちになります。もちろん給熱養生などを行うのであれば、養生期間は短縮できます。

現在は強度中心の考え方で、耐久性も強度と関連付けて管理されています。しかし、耐久性に優れたコンクリートを造るためには、表層部に緻密なセメント水和結晶を生成させることが肝要です。「強度が15N/mm²に達したから、以降養生は不要」などと数値のみで考えるのでなく、養生期間はなるべく長くとるよう心掛け、水和反応の成長を促すことが大切です。規定は最低限の目安に過ぎないと考えるべきです。

温度と養生期間（6-4-3）

▲ブルーシートで覆ったうえで、ジェットヒータにより給熱養生

凍結防止や強度発現を早める
ことを目的に構造物を暖める
こともあります

6-5

コア抜き検査

硬化コンクリートの品質は、生コン配合だけでなく、打設、養生方法からも少なからぬ影響を受けます。それにもかかわらず、現在硬化コンクリートの検査は、基本的に、材料の検査にとどまっています。ここでは、躯体のコンクリート品質を適切に、なおかつ躯体をあまり傷つけずに検査するための方法について解説します。

▶▶ 新設コンクリート構造物の検査法

現在コンクリート工事においては、固まった後のコンクリートの**品質確認**は通常、打設時に現場で作製した**テストピース**でしか行なわれていません。施工方法、施工部位によりコンクリートの品質が大きく異なるものとなるにもかかわらずです。味見もせずに料理を提供するようなことが行なわれているのです。テストピースでは材料としての生コンの品質がどうだったかを評価できるだけであり、本来であれば別途、**実体**の検査を行なうことが不可欠です。 [*60]

そこで、私は**新設工事**でも**コア抜き検査**を実施することを提案しています。打設のたびにコア抜きを行なえば、外観からではわからない施工上の問題点を早期に発見・補修することができ、また、検査結果は施工技術を高めるための反省材料とすることもできます。現在一般的な建物では、実は階ごとの継ぎ目は一体化していないこともめずらしくありません。しかし、これもコア抜きなどによって確認しなければ分からないことであり、また確認を行なわない限り改善できないようにも思われます。

コア抜きは強度が15N/mm²程度あれば可能であり、**型枠解体**時にはすでにコア抜きに耐えうる程度の強度には達しているのが普通です。後日**打ち継ぎ**を行なう箇所からコア抜き（図6-5-1下写真）を行なった場合、外部にまったく傷を残さずに検査することも可能です。

現在は早くつくることに追われ、十分な反省がないまま次々と工事をこなしていくのが普通となっており、同じような失敗を繰り返しているのが、多くの建設会社の実情です。このような状況を改めるためにも、新設コンクリート構造物のコア抜き検査は、ぜひとも取り入れるべきだと私は思っています。 [*61]

※ 60：実体は　テストピースじゃ　分からない　小径コアで　品質確認
※ 61：コア抜きで　施工状態　確認し　技術高めて　コンクリマスター

コア抜き検査（6-5-1）

▲ブリーディング現象により水の割合が大きくなっており、品質の劣る傾向のある立面上部からのコア採取

▲密実にするのが難しく、また十分な養生が行なわれないことで、品質の劣る傾向のある床面からのコア採取。後日壁が立ち上がる箇所からコアを採取しており、傷が残らない

第6章 コンクリート工事の実際

なぜ実体検査が行なわれていないのか

コンクリートは施工の仕方で品質が変わるにもかかわらず、実体コンクリートの品質を材料の試験のみで評価することがおかしいことは、少し考えれば分かることです。**躯体**からコアを採取し品質試験を行なえば、躯体の実際のコンクリート品質を知ることができることが分かっているにもかかわらず、なぜ現在のような状況が放置され続けているのでしょうか。

その理由は、一つには新設の構造物にあえて傷をつけてまで検査をすることに抵抗がある、ということがあるようです。通常コア抜きでは、直径100mmの径のコアが採取されており、建築の壁であれば貫通を免れず、コアを採取すれば大きな傷をつくることになります（図6-5-2）。もう一つ、こちらの方がより大きな理由かもしれませんが、検査の結果強度不足などが判明した場合、どう対処すればいいのかがよく分からないのです。もちろん問題が明らかになった場合、個別に対処法を考えることは可能です。しかし、問題を内包している構造物がどれだけあるのかも分からない中で、検査方法だけを大きく変えれば、混乱を招くのは必至です。基本的に検査方法を決めているのは建設業界の人間であり、あえて自分たちの首をしめるような検査方法にしなくてもよいのではないか。そのような思いもあるようです。

ただ、問題を抱えている構造物を放置してよいはずもありません。建設工事で造られたものを利用するのは、広く一般の方々であり、建設業界の外からの意見を反映した検査方法にすべきであると私は思います。

小径コア

JISでは**コア**の直径は**最大粗骨材寸法**の3倍以上とすることが要求されています。しかし、コンクリートの強度は基本的に**セメントペースト**の強度であり、実はコアの大きさはあまり関係ありません。新設の構造物でコア採取による検査が行なわれない理由のひとつとして「躯体を傷つけることになる」ことを挙げましたが、躯体に大きな傷をつくらずにコア抜き検査を行なうことも可能なわけです。

私は通常外径40mmの刃を使ってコア抜きを行なっています。刃の厚みがあるため、コアの直径は35mm程度になります（図6-5-3）。小径コアの利点としては、構造物に与える影響が小さいことの他に、鉄筋の切断を回避しやすいため、採取位置の制約が小さいことも挙げられます。安全側の検査とするためには、品質の劣る上の方からコアを採取すべきですが、小径コアであれば場合によっては梁から採取

なぜ実体検査が行われていないのか（6-5-2）

▲大口径コアのコア採取跡

▲壁を貫通させて採取した大口径のコア

小径コア①（6-5-3）

▲梁の鉄筋の隙間からの小径コアの採取

▲壁を貫通させずに折り取った小径コア

直径35ｍｍ程度の小径コア
でも十分品質確認は可能です

することも可能です。

　強度試験を行なうためには直径の倍の長さが必要であり、直径100mmのコアの場合、建築の壁などあまり厚みのない部材だと、部材を貫通させてコア採取を行なっています。長さが直径の2倍よりも短い場合は、見かけ上強度が大きめになるので、換算式を用いて強度を換算しています。小口径のコアの場合は所要の長さが得られるところまで削孔したうえで、コアを折り取ります。なお、**小径コア**は折れやすく、刃入れ深さより手前で折れる傾向があるので、深めに刃を入れるようにします。採取コアの直径が35mm程度の場合、私は100〜120mmくらいまで刃を入れるようにしています。小さいコアは大きいコアよりも見かけ上強度がやや大きめに出る傾向があるといわれますが、直径35mm程度の場合でも、直径100mmのコアよりもせいぜい数N/mm^{2}大きい程度です（図6-5-4上図に直径100mmと25mmのコアの強度の関係を示しました）。なお、直径20mm程度のコアで検査し、換算式を用いて直径100mmのコアの強度に**強度換算**を行なう、**ソフトコアリング協会**による方法も普及してきています。

打ち継ぎ部の確認

　コンクリートの打ち継ぎ部は、**レイタンス除去**等の処置を適切に行なえば、**一体化**させることができるため、設計においては一体化していることを前提とするのが普通です。しかし、とくに鉄筋が密な場合やコンクリート強度が高い場合などでは、レイタンス除去作業にはしばしば困難が伴います。また、そもそも建築工事ではレイタンス除去作業の必要性が十分認識されていないことも実はよくあることです。そうしたこともあり、打ち継ぎ部からコアを採取した場合、採取コアが打ち継ぎ面で剥離することは、めずらしいことではありません。打ち継ぎ部で一体化できていないのです。ただ打ち継ぎ部が一体化していない場合も、そのことが明らかにされることがないのが普通であり、結果として同じ過ちが繰り返されています。

　そこで、私がコア抜きを行なう場合は、基本的に打ち継ぎ部からもコアを採取するようにしています。水平方向にコアを採取するのが難しい場合には、斜め方向に採取することも可能です。斜め方向にコアを採取すると、コアに含まれる打ち継ぎ部の面積が小さくなるため「剥離するのも当然」そのように思われる方もいるようです。しかし、レイタンス除去作業などの打ち継ぎの処置を適切に行なえば、斜め方向に採取した場合でも剥離せずにコア抜きできることは、これまで現場でさんざん確認

小径コア② (6-5-4)

直径100mmコア強度と直径約25mm小径コア強度の関係（平均値）

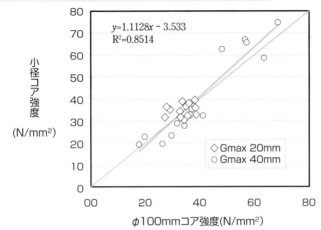

$y=1.1128x - 3.533$
$R^2=0.8514$

小径コア強度
(N/mm²)

◇ Gmax 20mm
○ Gmax 40mm

φ100mmコア強度(N/mm²)

出典：「小径コアによる実構造物コンクリートの圧縮強度の推定」
土木学会第58回年次学術講演会（平成15年9月），佐原晴也ほか

打ち継ぎ部の確認 (6-5-5)

▲打ち継ぎ部からのコア採取

▲打ち継ぎ部で剥離したコア

コア抜きで打ち継ぎ状態の
確認も行なえます

第6章 コンクリート工事の実際

してきました。付着の程度を数値化するのは困難ですが、処置が不十分な場合、採取コアが打ち継ぎ部で簡単に剥離する（剥離した状態で採取される）のはめずらしいことではなく、コア採取は打ち継ぎ処置の評価にも有効です。

▶▶ コア抜き検査の注意点

　実体品質確認はコア抜きで行なうのが基本ですが、コア抜きで品質確認しさえすればよいというわけではありません。コアの採取箇所によってコンクリートの品質は大きく異なるためです。コンクリートは**ブリーディング現象**により、上部は水が多くなりやすく、また上部は下部よりも上からかかる荷重が小さいため、上の方ほど密度が小さくなり、品質が劣る傾向があります（図6-5-6中段表）。場合によっては、上部の強度は下部の半分以下になることもあるほどです。下部から採取したコアの強度が設計強度を満足していたとしても、それをもって「構造物は安全である」とはいえないのです。

　打設時に採取したテストピースの強度が低かった場合、コア抜きによって実体コンクリートの品質を確認しますが、そのような場合のコアは、大抵強度の出やすい下部から採取されているようです。所要の強度を満足していないと困るためです。もちろんそのような検査の仕方は妥当ではありません。構造物のコンクリート品質について問題の有無を知るためには、品質の劣る傾向のある上部からコアを採取するのが基本です。

▶▶ コア採取による実体品質確認の標準化に向けて

　実体品質確認をコア採取で行なうことを標準化するためには、前述のように強度不足などの問題が判明した場合の対処法について、具体的な指針を設けておくことが必要であると思われます。現在は品質異常は「なくて当然」であり、新設の構造物において品質異常が明らかになった場合、非常に厳しい目が向けられます。そのこと自体は悪くないのかもしれませんが、結果として「品質異常をなくす」のではなく、「品質異常を表面化させない」ことが求められてしまっているようにも思われます。本当に品質異常をなくすためには、構造物を適正に評価したうえで、問題があればその構造物を「よりよい構造物」「安全な構造物」にするという、**構造物本位**の見方が必要なのではないでしょうか。見過ごすことのできない欠陥を抱えた構造物は、実は少なくないのかもしれません。

コア抜き検査の注意点（6-5-6）

▲ 24-18-20 の配合でつくった試験体の天端から、材齢3か月で直径5×30cm程度のコアを2本採取。5×10cmの6本の試験体に整形

圧縮強度試験結果（N/mm²）

	上	中	下
コア1	23.1	30.1	32.8
コア2	22.3	34.1	37.6

上部は水が多くなり、強度が低くなっている。

> 上部は水が多くなり、強度が低くなっています

> テストピースは強度が出やすい条件で養生されています

▲通常躯体の品質確認で強度試験が行なわれているのは、水中で養生された10×20cmのテストピース

243

Q：既にあるコンクリートを長持ちさせるには どうすればいいですか？

A：コンクリートの劣化は、外部環境の影響を受けて進行します。したがって、劣化の進行を遅らせるためには、なるべく外部環境からの影響を受けないようにすることが大切です。私が隙間の少ない密実なコンクリートを造ることを重視しているのも、それによって外部から水やガスが浸透しづらい（また内部の水が逃げにくい）、外部環境の影響を受けにくいものとするためです。

アルカリ骨材反応や硫酸イオンとの反応など、コンクリートそのものが劣化することもあります。しかし、基本的にはコンクリートは耐久性に優れており、鉄筋の腐食を防ぐことが鉄筋コンクリートを長持ちさせるための要点になります。鉄は水と酸素が存在する条件下で錆びていくことから、鉄筋を錆びさせないためには、これらとの接触を断てばよいことになります。

中性化試験の結果をとても気にされる方がいますが、コンクリートの中性化が進んでも、水分の供給がなければ鉄筋の錆びが進行することはありません。また、塩分があると特に鉄筋は錆びやすくなりますが、飛来塩分の影響が懸念される場合でも、やはり外部からの水分の供給を断つことで、鉄筋を守ることができます。

打ち放しコンクリートであれば、シラン系等の表面含浸材の塗布が有効です。

Q：昔のコンクリートと今のコンクリートは 何が違いますか？

A：一番大きな違いは混和剤でしょうか。強度を高めるためには、水セメント比を小さくする必要があることは、昔も今も変わりません。混和剤の開発とその著しい進歩は、以前であれば到底練り混ぜることができなかった水セメント比の小さな生コンも練り混ぜ可能とし、高強度化を推進しました。

昔と今では砂と砂利の割合も大きく変わりました。昔は砂の倍量の砂利を用いるのが標準でしたが、今はポンプ工法が普及したことにより、ポンプ配管の閉塞が生じにくい、砂の多い配合が一般化しました（砂利より砂の方が多いことも珍しくなくなっています）。しかし砂利には、ひび割れが広がるのを防ぐ役割があり、砂利を多く使用することにより収縮量を小さくすることができます。その点、今の配合にはかなり改善の余地があると言えます。

バイブレータの使用が一般的になったのも変わった点です。昔は固いコンクリートを上からたたくのが基本で、まさに打設でした。振動締固めは、効率的に密度を高めることができますが、昔ながらのたたきにもまた違った良さがあります。

新しい技術の普及に伴い、古い技術はその良い点も含めて忘れ去られていきがちなようですが、古い技術の良い点にも目を向け、さらに改善していきたいものです。

第 **7** 章

コンクリートの これから

1923 年に発生した関東大震災で、コンクリートはその優れた耐震性、耐火性が認識されるようになり、急速にコンクリート構造物の普及が進みました。それから 100 年。材料、コンクリートの製造方法、施工方法は少なからぬ変化を遂げ、その変化は現在もなお続いています。

本章では、現在の社会情勢を踏まえつつ、コンクリートがこれからどうなっていくのかについて、その展望を示します。

7-1

コンクリートのこれから

　人手不足がますます深刻になり、また持続可能性が強く問われるようになった昨今、コンクリートの造り方も変えていくことが求められています。ここでは現在の一般的なコンクリートの造り方の問題点を踏まえ、今後それがどのようになっていくのか、その展望を示します。

▶▶ 現在一般のコンクリートの問題点

　コンクリートのこれからを考えるにあたり、まず現在の現場打設の一般的なコンクリートの問題点について改めて整理したいと思います。

　現場打設のコンクリートは、打設時の状況が少なからず硬化品質に影響を及ぼします。前述のように、品質低下の要因となる降雨や猛暑の中でも打設は行われるのが普通です。**コールドジョイント**は硬化が速くなる夏季に生じやすいものですが、季節によらず、先に打設したコンクリートの硬化が進み、**打ち継ぎ不良**になるのはよくあることです。また、現場打設では、しばしば丁寧に生コンを充填できる環境にはなく、目に見える瑕疵だけでなく、内部の鉄筋過密箇所などにも実は生コンを充填し切れていないところが少なからずあるのではないかと私は思っています。

　事前の準備を入念に行ない、要注意箇所では特に意識して作業することで、問題は生じにくくなります。しかしながら、諸条件から「ある程度の不具合は仕方がない（不具合が出てから対処する）」そのように割り切らざるを得ないのが現実です。

　脱型後の養生もしばしば実施困難であり、仕様書に書かれているような養生は実際には行われていません。

　近年は職人不足もますます大きな課題となっており、併せて「働き方改革」も盛んに言われるようになり、もはや従来の枠組みの中では対応し切れなくなっています。

▶▶ 効率化・省力化

　今後コンクリート工事はどのようになっていくのでしょうか。効率化・省力化の流れを踏まえ、工法、生コンの性質、機械化についてその方向性を見ていきたいと思います。

現在一般のコンクリートの問題点（7-1-1）

コンクリートに生じる問題とその原因

原　因	生じる問題
不適切な鉄筋・型枠工事、清掃不良	鉄筋被り不足、コンクリートへの異物混入
降雨、高温の中での打設	強度低下等の硬化コンクリートの品質低下
打ち継ぎ、打ち重ねまでの空き時間が長くなる	コールドジョイント（耐力・耐久性低下、漏水）
丁寧な作業を行なえない	充填不良
レイタンス処理の不実施、打ち継ぎ面の清掃不良	耐力・耐久性低下、漏水
養生不足	耐久性低下
人員不足	各種品質低下

▲整理整頓できていない現場（打設当日）

空いたスペースに不要なものが集められているが、片付ける余裕がない中で、良い仕事をするのは難しい

❶二次製品（プレキャスト）化

　現場打設の様々な問題を解決する手段の一つとして、**プレキャストコンクリート**の利用が考えられます。**プレキャスト工法**は、構造物を小さな部材にバラして製造し、それを現場で組み立てる工法で、現場打ちコンクリートよりも安定した環境下でコンクリートを造れるため、品質の向上、**生産性**の向上を期待できます。

　プレキャスト工法を採用すると、現場での作業が少なくなることから、現場の騒音も減り、工期の短縮も図れます。また、現場打ちの場合、硬化後に品質に問題があることが判明したとしても、その対応には著しい困難を伴いますが、プレキャストコンクリートの場合は、現場への設置前であれば品質異常への対応は容易です。

　このように書くと良いことずくめのようですが、プレキャスト工法が一般化していないのにはそれなりの理由があります。一番大きな問題は、部材の形状が様々で、規格化できない場合、それぞれに対応した型枠を製作しなければならず、コストがかさむことです。そのため、現在は同じ形状の部材が多数用いられる「道路製品」や「高層マンションの各部材」、現場打設では造るのが困難な「高品質コンクリート部材」が主な用途で（図7-1-2中段写真）、一般の建築ではほとんど採用されていません。ただ、効率を追求する現在の流れを考えると、いずれプレキャスト製品を組み合わせることによる施工法は一気に普及するのかもしれません。

❷流動性に優れた生コン

　充填不良の原因としては、杜撰な打設計画、バイブレータの挿入空隙の不足、作業人員の不足などがありますが、そうした条件があったとしても充填不良を生じにくくするために、**流動性**の高い生コンが求められる傾向があります。

　現在流動性の優れた生コンの使用はほぼ高強度コンクリートに限定されていますが、締め固めをあまり必要としない**高流動コンクリート**の研究には既に数十年の歴史があり、技術的な問題は解決されています。今後は一般的な強度のコンクリートについても、柔らかい生コンを流し込むような施工法が標準化していくのかもしれません。私の提案する固い生コンを密実に締め固めるのとは正反対の施工法ですが。

　なお、省力化の文脈で語られることの多い高流動コンクリートは、**充填不良防止**には有効かもしれませんが、実際それが省力化につながるものであるかについては疑問があります。流動性に優れた生コンは、噴き出し部の処理など、流動性の高さゆえの施工のしづらさがあるためです。また、そもそも現在は省力化で大きなメリットが

効率化・省力化の手段

二次製品化	効率的に、安定した品質のコンクリート部材を製造できるとともに、現場の作業を削減できる
流動性に優れた生コンの使用	鉄筋が過密な箇所にもそれほど労力をかけずに生コンを充填できる
作業の自動化	物流倉庫の床などで、自走式の均し機の実用化も始まっている

▲現場に設置前のプレキャスト PC 梁

300N/mm² クラスの超高強度プレキャスト
コンクリート柱（御茶ノ水ソラシティ）▶

▲自走式の均し、押さえ機械

第7章　コンクリートのこれから

得られるほど、多くの作業員で打設を行なっているわけでもないのが普通です。

❸自動化

　コンクリートの現場打設では、**床コンクリートの均し・押さえ作業**に多くの作業員が必要とされており、特に床面積の大きな物流倉庫の現場などでは省力化のための様々な取り組みがなされています。既に機械を用いた押さえ作業は一般化していますが、従来それらはいずれも人間の操作を必要とするものでした。現在は人間の操作を必要としない、**自動**で均し・押さえを行なえる機械の開発が進められ、改良の余地はまだまだあるものの、現場での使用も始まっています（図7-1-2下段写真）。

▶▶ これからのコンクリート材料

　コンクリートの硬化のモトであるセメントの製造には、高温での焼成工程があり、高温を得るためのエネルギー消費に伴う二酸化炭素の排出と、原料である石灰が分解する際に生じる二酸化炭素の排出により（図7-1-3表）、我が国の二酸化炭素総排出量の実に4%が、セメント製造に伴うものとなっています。[*62] そこで、世界的な**脱炭素**の流れを受け、コンクリートについても**二酸化炭素**削減の取り組みが進められています。

　我が国では諸外国と比べ**二酸化炭素排出量**の多いポルトランドセメントの使用比率が高いことから、産業廃棄物である**高炉スラグ**、**フライアッシュ**でその一部を置き換えた、**混合セメント**の使用が以前に増して推奨されるようになってきました。混合セメントは環境にやさしいだけでなく、特徴を活かした使い方をすれば、ポルトランドセメントを用いたコンクリートと同様の性質を有しつつ、化学抵抗性や水密性に優れたコンクリートとすることが可能です。

　コンクリートに二酸化炭素を吸着させる方法の研究も進み、二酸化炭素を吸収させることにより硬化する、従来とは全く異なるコンクリートも開発されています。製造過程における排出量を上回る量の二酸化炭素をコンクリート中に固定化することも可能となっており、既にその実用化も始まっています（図7-1-3写真）。

　骨材についても、山などから採取する一方、構造物解体後の**コンクリートガラ**をどんどん埋め立てていくというのでは、どう考えても**持続可能**とは言えません。そうしないためには、現在ほとんど行なわれていない**コンクリート廃材**から骨材を取り出し、コンクリートの製造に再利用する流れを確立することが不可欠です。

＊62：山を削り　二酸化炭素を　大量に　排出してできる　貴重なセメント

これからのコンクリート材料（7-1-3）

セメント製造時に排出される二酸化炭素

燃料消費に伴うCO_2	約4割
石灰石の分解に伴うCO_2　$CaCO_3 = CaO + CO_2$	約6割

> 実は石灰石の分解に伴う二酸化炭素のほうが多い

> 製造時の二酸化炭素の吸収量が排出量を上回るため、つくるほど二酸化炭素を削減できる

▲カーボンネガティブコンクリート「CO_2-SUICOM」でつくられた境界ブロック（提供：鹿島建設）

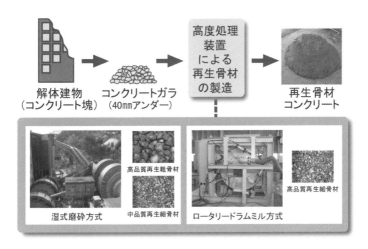

解体建物（コンクリート塊）　コンクリートガラ（40mmアンダー）　高度処理装置による再生骨材の製造　再生骨材コンクリート

湿式磨砕方式　高品質再生粗骨材　中品質再生細骨材　ロータリードラムミル方式　高品質再生細骨材

骨材リサイクルシステムの一例（提供：鹿島建設）

7-2
時代の流れと建設業の問題

　1960年代、70年代の生コン工場乱立の時代の後、JIS工場の普及もあり、極端に品質の劣るコンクリートは認められなくなったようです。しかしながら、今もコンクリートの造り方が適切になったとは言えません。より良いコンクリートを造るためには何が必要なのか、私の意見を述べます。

▶▶ 品質意識が低かったころ

　1960年には全国で100工場に満たなかった**生コン工場**は、1965年のJISマーク表示制度制定を経て、1970年には2,700工場、1980年には5,000工場を超えるまでに増加していました（図7-2-1グラフ）。急激に生コン工場が増加する一方、コンクリートの設計基準強度は高くなり、また時を同じくして**ポンプ工法**によるコンクリート打設が急速に普及していきました。社会が大きく変化していたそのころ、コンクリートも変革期にあったのです。

　ところで、ポンプ工法普及当初の砂利の多かった生コンは、しばしば**ポンプ配管**を詰まらせることで不評を買っていました。そんな中ある圧送工が配管を閉塞させずに圧送できるということで評判になったそうです。閉塞防止のどんな秘策があるのかと、期待して見学に訪れた人は圧送作業を見て驚いたそうです。なんのことはない、ただ加水して流動性を増していただけだったのです。大変革の時期は、品質のうえで大混乱の時期でもあったのです。

　既に故人となっていますが、この本の共著者でもある私の父がコンサルとして独立する前、生コン工場にいたころのことなので、1970年代でしょうか。私の父は技術者として生コン工場を転々としていました。ある工場にいた時の話です。社長が材料の計量をのぞきに来た時にセメントの計量値が多いと、「セメントを減らせ」そう言われるのが常だったそうです。生コンの材料の中ではセメントの値段が高いので、その社長はセメントを減らすことで材料費を節約しようと考えていたわけです。当時は計量値を誤魔化すことくらいやろうと思えば簡単にできた時代であり、それによって実際品質の怪しいコンクリートが少なからず製造されていたのです。

　そのころ造られたコンクリート構造物の耐震診断で、時に著しく強度の低いものが存在するのも理解できます。現在も生コン工場の不正出荷がときどき話題にのぼ

品質意識が低かったころ①（7-2-1）

生コン工場数の推移

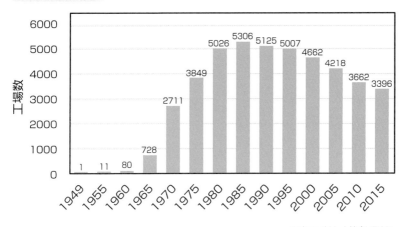

日本コンクリート協会HPより

▲奥から手前へ数十mのポンプ配管

ポンプ工法は荷卸し箇所から離れた場所へも容易に生コンを運べるが、配管を閉塞させないようにする必要がある

▲高度経済成長期に建設された建物からのコア採取

途中で折れてしまい、所要の長さが得られなかったために二度抜き直しも、やはり長いものは採取できず（強度が低いものは折れやすい）。後日強度不足が判明した

第7章　コンクリートのこれから

りますが、さすがに不正に伴う著しい強度不足などは見られなくなったようです。

　ちなみに私の父は、社長が計量値をチェックする際には、セメント量しか見ていないことに気づいており、社長が来るとオペレーターに練り混ぜ量を減らすよう指示していたそうです。セメントだけ減らすようなことをすれば、コンクリートの品質を低下させ、取り返しがつかないことになるため、全体の量を減らすことで社長の目を誤魔化していたわけです。

　阪神淡路大震災は私の父にとって一つの契機となったようです。当時父はコンサルとして独立後既にかなりの経験を積んでいましたが、震災発生間もなくの現場を目の当たりにし、コンクリートの質の悪さを思い知らされたようです。後日テレビ局の方が、父のもとに被災した構造物から採取した数本のコンクリートコアを持ち込んだそうですが、品質の劣るものはかなり低品質だったようで、外観を頼りに品質の順位をつけたところ、実際その通りだったとのことです。

　「目には目を、歯には歯を」の言葉で知られるハンムラビ法典（紀元前1792年から1750年にバビロニアを統治したハンムラビ王が発布）では、家屋が崩壊して家長が死んだ場合、建築家は死刑に処される旨定められていたそうですが、当該地震で被害が大きくなったのは、ひたすら地震の規模が想定外に大きかったためだとされ、震災後、証拠を隠滅するかのように、倒壊した構造物はただちに片づけられ、コンクリート品質について十分検証されることはありませんでした。そうした経験を踏まえ、父は日本のコンクリートの質の悪さ、建設業界の誤魔化し体質について嘆き、改善していかなければならないと熱く語っていたものです。

▶▶ 建設業界

　子供のころから建設業界の悪い面について聞かされていたこともあり、そこで働いている一人ひとりの方は別として、私は建設業界というのは、正直なところ業界としてあまり質の良くないところなのだと思っていました。ただ、宗教や政治の世界などはそもそもあまりよく思われていないようですが、工業については、自動車会社などでの不正がしばしば世間をにぎわせていますし、医療にしても、農業にしても、改めて調べてみると私からすると信じられないような問題が少なからずあることが分かってきました。最近は、建設業はむしろまだましな業界なのでは、とさえ思えてきています。結局多くの問題は人間自体に問題があることで生じているように思われ、そうであれば、ある業界だけが悪いなどということはないに違いありません。

▲阪神淡路大震災で被災した橋脚　　写真提供：ピクスタ

▲隙間の多いコンクリート（上）、密実なコンクリート（下）

隙間が少ない、密度の高いコンクリートほど品質が優れている傾向があります

第7章　コンクリートのこれから

▶▶ 建設業界のもめ事

　これまで、コンクリートの瑕疵にまつわるもめ事に少なからず関与してきました。

　ポンプ車の故障により中途半端なところに打ち継ぎが生じてしまい、一度型枠をばらし、打ち継ぎの処置を講じたうえで、後日続きの打設を実施。その後打ち継ぎ部、補修部からコア抜きを行うことによる接合状態の確認まで行ったという現場もありました（図7-2-3上段写真）。問題はありましたが、そこではむしろその姿勢によりゼネコンは評価されていたようです。もめ事は不具合から生じるというよりも、施主と施工者の意思の疎通が不十分なところから生じるのです。

　施工者の技術力、丁寧さの不足に問題があることも少なくありませんが、そもそも多くの現場で実際には行うのが困難（少なくとも現在の工期・予算の中では困難）なことが、さも適切に実施されているかのように扱われていることも見逃せません。もともとそうしたことが存在すること自体おかしなことなのですが、知識の豊富な施主も増えている中で、本当のところ何が問題なのかを改めて整理する必要があるように思います。

　住宅の基礎コンクリートは、施工の様子が施主の目に触れやすいこともあり、クレームも少なくありませんが、以前は建築学会の仕様書の中で「**簡易コンクリート**」と分類され、軽く扱われていたことは否めません。今はある程度品質を意識した作業も行なわれるようになってきましたが、実際気泡やひび割れが生じたところで、長期的に見てもその影響が基礎の機能にまで及ぶことはほとんどありません。だからこそ「簡易コンクリート」と言われていたのです。ただ、いい加減な仕事で造られたコンクリートに納得がいかないのは当然であり、どのような作業を行うのか、作業内容について事前に確認しておくことは大切です。

　表向きは三ツ星レストランのように宣伝していても、屋台のラーメン屋のようなところもあるのが建設現場であり、施主にはお見せしづらいこともあるのが実情です。もっとも、宣伝文句をそのまま受け入れる訳にはいかないのは他の業界も同じですが。

▶▶ コンクリートから人へ？

　「**コンクリートから人へ**」この民主党政権時代のスローガンは、建設関係者からはことさら評判が悪く、自民党が政権に復帰して十年近く経過しても恨み節で語られるのを耳にします。ただ、まさにコンクリートに関わる仕事をしている私個人としては、正直なところそのスローガンについてそれほど悪い印象はありません。

建設業界のもめごと（7-2-3）

▲打継部の接合状態確認のためのコア採取

▲補修箇所から採取したコア

> コアの左側は補修モルタルだが、右側のコンクリートとの間に隙間は認められず、一体化できている

> かなり施工が雑だったことがうかがわれるが、強度に問題がなければ、通常は充填補修することで機能に問題なく使用できる

住宅基礎の天端に生じた 2mm にも達する幅の広いひび割れ▶

コンクリートから人へ？①（7-2-4）

▲建設中の八ッ場ダム

> 民主党政権時代に建設見直しの議論があったが、結局建設され、既に運用も始まっている

第7章　コンクリートのこれから

　コンクリートの使用量が減ることは、業界にとっては死活問題であるに違いありません。ただ、だからといってその必要性について疑念がある公共工事が、半ば強引に続けられることについて正当化できるものではありません。また、建物の取り壊しは、建物自体の劣化よりも陳腐化を理由に行われるのが普通で、使えるものが壊されていますが、壊して新たに造り直すよりも、今あるものをメンテナンスして使い続ける方が環境には優しいに違いありません。

　改めてよく見てみると、私たちがやっていることといえば、何がしかの加工はするにしても、基本的には自然にあるものを右から左へ移し、一時味わっただけで廃棄するというような極めて無責任なことが多いのに気がつきます。

　自然と対照をなすコンクリートの印象が、その使い方のために悪くなることについては、それこそコンクリートに関わる仕事をするものとして非常に残念に思います。

▶▶ よいコンクリートを造るために

　「1950年代のレコードはアートだった。60年代はサイエンスになり、70年代はプロダクツだが、80年代以降はなんのことはない、ただのデータなんだよ」某レコード会社の老エンジニアの言葉だそうです。効率ばかりを追求するようになった世の在り方を言い表しているようにも思われます。

　建築においては、特に木造建築のつくり方に効率化という時代の流れが顕著に表れているようです。今の大工はプレカットした木材を単に現場で組み立てるのが仕事になってしまいました。

　コンクリートはどうでしょうか。コンクリートにはそもそもそれほど長い歴史があるわけではなく、その造り方は効率化、高品質化のために変化し続けているといえます。ただ、昔造られた構造物を見ると、凝った意匠に驚かされることがあります。遊び心のような余裕も感じられますが、そうしたものがないと本当に良いものはできないような気がします。

　私は「ひび割れのないコンクリートの造り方」を旗印に業務を行っており、打設前に講習会を開催する際には、各作業の職人だけでなく、基本的に施主にも参加してもらっています。建設する建物への思いを語ってもらうのです。よいコンクリートを造るためには、技術力もさることながら、その根本にある「人の想い」が重要だと思っているからです。単にお金のために仕事をするのと、チラリとでも施主の顔も思い浮かべて仕事をするのとでは、結果において何かが違うのだと私は信じています。

コンクリートから人へ？② (7-2-5)

東西 1,000m、南北 1,800m、最深部は海抜−170m。現在も採掘は進行中

▲八戸キャニオン（八戸石灰鉱山）
写真提供：ピクスタ

現在コンクリートガラのうち、そのまま埋め立てられているのは全体の1割未満。基本的に路盤材として再利用されているが、いずれコンクリートガラの排出量が路盤材の需要を上回ることは目に見えている

▲東京湾の最終埋め立て処分場

よいコンクリートを造るために (7-2-6)

よいコンクリートを造るためには、技術もさることながら、人の想いを一致させて打設を行なうことが欠かせない

▲打設前の打ち合わせ

おわりに

　社会の様々なところで認められる急速な変化には、私などはとまどうばかりですが、建設業界の近年の技術の進歩にも驚くべきものがあります。本書では触れませんでしたが、3Dコンクリートプリンタも既に実用化されており、海外では住宅の建設への利用も始まっています。新たな技術によって、これから建設業界も大変革の時を迎えるのかもしれません。

　ところで、近年しばしばSDGsが話題になっていますが、正直なところ、国も多くの企業も、本当に環境を守ろうと考えているようには私には思えません。結局環境を守るためには、一人ひとりの人が節度を持って生きていくことが欠かせないに違いありません。しかし、国や企業は、表向きは「エコ」などと言っているものの、商業主義の中で、なかば人々が節度を持たずに生きていくことを望んでいるのが現実ではないでしょうか。

　建設業界、コンクリートに現れている様々な問題も、社会の問題が形を変えて現れているにすぎず、その答えは本質的には同じであると私は考えています。

　ここで、以前の版で引用した吉田徳次郎博士(大正から昭和にかけて、我が国のコンクリート研究を牽引した土木技術者)の言葉を、改めて紹介したいと思います。

　「良いコンクリートもセメント、水、骨材を練り混ぜたものであり、悪いコンクリートもセメント、水、骨材を練り混ぜたものである。両者の差は、コンクリートについての知識と施工についての、正直親切の程度の差から起こるものである。よって良いコンクリートをつくるには、セメント、水、及び骨材のほかに、知識と正直親切を加えなければならないことになる」

　本書をコンクリートについての知識を得るためにご活用いただけましたら幸いです。

岩瀬泰己

索 引

I N D E X

著者プロフィール

岩瀬 泰己（いわせ たいき）

株式会社総合コンクリートサービス
http://www.sc-con.com
コンクリート主任技士
コンクリート診断士

【略歴】
平成10年、京都大学総合人間学部中退
平成14年、東京工業大学土木工学科卒業
平成14年、株式会社総合コンクリートサービス入社
現在に至る

【主な執筆】
「徹底指南ひび割れのないコンクリートのつくり方」日経BP社（共著）
「コンクリート講座」日経BP社（共著）
「これだけ！コンクリート」秀和システム

岩瀬 文夫（いわせ ふみお）

【略歴】
昭和41年、神奈川県立横浜平沼高等学校卒業
昭和42年以降、生コンの製造現場にて、検査や技術に関わる
昭和52年、株式会社総合コンクリートサービス設立
平成14年、ひび割れのないコンクリートの造り方を発表
平成30年、没

【主な執筆】
「ザ・生コン」建築技術社（共著）
「住宅現場手帖基礎工事」日経BP社
「ひび割れのないコンクリートのつくり方」日経BP社
「徹底指南ひび割れのないコンクリートのつくり方」日経BP社（共著）
「コンクリート講座」日経BP社（共著）

●注意

(1) 本書は著者が独自に調査した結果を出版したものです。

(2) 本書は内容について万全を期して作成いたしましたが、万一、ご不審な点や誤り、記載漏れなどお気付きの点がありましたら、出版元まで書面にてご連絡ください。

(3) 本書の内容に関して運用した結果の影響については、上記(2)項にかかわらず責任を負いかねます。あらかじめご了承ください。

(4) 本書の全部または一部について、出版元から文書による承諾を得ずに複製することは禁じられています。

(5) 本書に記載されているホームページのアドレスなどは、予告なく変更されることがあります。

(6) 商標

本書に記載されている会社名、商品名などは一般に各社の商標または登録商標です。

図解入門 よくわかる 最新
コンクリートの基本と仕組み[第4版]

発行日	2023年 1月20日	第1版第1刷

著　者　　岩瀬　泰己／岩瀬　文夫

発行者　　斉藤　和邦

発行所　　株式会社　秀和システム

〒135-0016

東京都江東区東陽2-4-2　新宮ビル2F

Tel 03-6264-3105（販売）　　Fax 03-6264-3094

印刷所　　三松堂印刷株式会社　　　　　Printed in Japan

ISBN978-4-7980-6906-7 C0052

定価はカバーに表示してあります。

乱丁本・落丁本はお取りかえいたします。

本書に関するご質問については、ご質問の内容と住所、氏名、電話番号を明記のうえ、当社編集部宛FAXまたは書面にてお送りください。お電話によるご質問は受け付けておりませんのであらかじめご了承ください。